書山有路勤為徑
學海無崖苦作舟

 文經閣

書山有路勤為徑
學海無崖苦作舟

 文經閣

# 上班那檔事

## 職場中的讀心術

### 有些話不會有人告訴你！

**上班族新觀點**

拍主管馬屁是負責的態度；
忍氣吞聲是忍辱負重的展現；
任勞任怨是耐力恆心的表現；

劉鵬飛◎著

辛苦上班求得是什麼？
一份溫飽、一點成就、一絲尊嚴
為的是能「在戲棚下站久一點」
更重要的是：日後的鴻圖大展

## 序言

　　如果你一直認為公司的真相就是浮雲那樣虛無飄渺，不值得一提，那你就大錯特錯了。因為公司是人組成的群體，人造就的圈子所形成的規則，任何有心有能力的人都可以參得透，用得準。

　　如果你因為畏懼未知的職場經歷就望洋興嘆，自怨自艾，甚至哀悼不公，那麼就是在虛度青春和生命，浪費自己的事業前景。征服畏懼、建立自信的最快最確實的方法，就是去做你害怕的事情，直到你獲得成功的經驗。

　　如果你因為一時的不足所造成的失誤就止步不前，那麼悲哀不僅產生於此時的失敗，而是更長久的未來。辦公室裡走動的每個人都有自己心酸的歷史，但關鍵是有的人站起來了，而有的人則永遠倒下了。

　　人生有太多的如果，工作也有數不盡的未知，但是經歷之後卻發現往往只有一種可能。**在職場中混，不想被淘汰，不想成為被歧視和看扁的那一個，就一定要瞭解公司的真相。做到了然於胸，相信自己，才能做好準備，找到應對的策略。**

　　被稱為繼柯南‧道爾、愛葛莎‧克利斯蒂之後的第三位世界著名推理小說大師松本清張說：「成功不是某個點，而是一個連貫的整體，它由無數個點組成。我們每天的努力，都是一個點，儘管看似微不足道，卻是不可或缺的。如果今天少一點，明天少一點，成功之線就連接不上，也就永遠失去成功的可能。其實，我們每天都行走在成功的路上，只是終點因人因事而異，有近有遠罷了。近些的可能只需數月或數年，而遠些的則可能需要10年、15年、20年，甚至更長。因此，無論多遠，只要不放棄，終有一天會到達成功的彼岸。」

　　縱觀職場上那些成功者，無論他們曾經經歷過什麼，但是到最後他們都必須懂得公司的真相，擁有他人無法取代的能力和智慧，進退自如的分寸，把握尺度，以及為人處世的謀略。這些正是我們不斷追求的更高一級的境界。我們的腦中的作用就如鬧鐘，成功的信念會在我們需要時將我們喚醒。

　　也許，我們自覺技不如人，無法達到如此的境界；也許我們自詡聰明能幹，他日必定成就大事。無論哪一種情況，對於我們來說最重要的不是要去看清遠方模糊的，而是要做身邊清楚的事。一個人的改變，源自於自我的一種積極進取，而不是等待什麼天賜良機。只有我們在動腦，在行動，那麼一切才有可能。

　　佛洛伊德曾說過「人生就像弈棋，一步失誤，全盤皆輸，這是令人悲哀

之事；而且人生還不如弈棋，不可能再來一局，也不能悔棋。」

說話、做事、能力的發揮等等都是一門學問，生存關乎我們的命運，薪水和升遷關乎我們的利益，責任則需要明確分工，勇於承擔。所有這些都決定我們的職場之路，都需要我們與他人打交道，我們做不了獨行俠，做不成孤膽英雄，我們需要鋪展和厚實我們的關係網，為我們的工作和人生布更好的局。

工作是我們生存的一種手段，必要時候又是不可缺少的手段。人，就像釘子一樣，一旦失去了方向，開始向阻力屈身，那麼就失去了他們存在的價值。而過於敬畏和陌生就容易讓我們迷失，把握不好職場前進的方向，只有勇於面對公司中的種種真相，瞭解必要的常識並把它們運用到工作之中，從而讓自己在職場立於不敗之地，讓自己的職場之路越走越順。

一個人的特點，是體現在各方面的。而你對待工作的態度、眼識和度量就決定了你事業成就的大小。**許多時候，我們不是跌倒在自己的缺陷上，而是跌倒在自己的優勢上**。因為缺陷常常給我們以提醒，而優勢卻常常使我們忘乎所以。如果我們稍有疏忽，就有可能把握不準公司和職場的真相，被他人利用，被小人暗算，被上司當苦力差遣等等，從而遭受無法估量的損失。

狄更斯這樣描述生活的每一步：「人從生到死的生活每一步都應是一種隔著櫃檯的現錢買賣關係，如果我們不是這樣登天堂的話，那麼天堂也就不是為政治經濟學所支配的地方，那兒也就沒有我們的事了。」

金錢和利益關係幾乎充斥了我們人生的每一個角落。不能過度追求失去自我，也不能否認它們的重要性和積極意義。蕭伯納說：「自我控制是最強者的本能」。而我們對於自己的控制可以表現在促使我們成功的各個

方面:

只有千錘百煉,才能成為好鋼。偉大的事業不是靠力氣、速度和身體的敏捷就能完成的,而是靠性格、意志和知識、技巧來完成的。這是因為能力、責任、毅力、謀略勝過所有的蠻幹。

人之所以有一張嘴,而有兩隻耳朵,原因是聽的要比說的多一倍。禍從口出,病從口入。古人在這一點上絕對沒有欺騙我們。管不住自己的嘴巴,獲利的是自己的敵人和對手,遭殃的是自己。

人生的價值,很大程度上以其人對於自己所做的工作的態度為尺度。當工作已經變成了一種不可推卸的責任,是自己努力工作、夢想更多的動力,那麼你的積極態度迎來的必定是明朗的結果。

與其臨淵羨魚,不如退而結網。任何道路都是靠自己走出來的,而不是靠自己在夢中等來的。其中準確邁出第一腳,是尤為重要的。這是因為及時有效的行動可以將曲線調整為距離最短的直線,可以化零為整,從無到有。

所有的自我約束和控制不是本著束縛的目的,而是一種對自我的尊重和對卓越的追求。人性最可憐的就是,我們總是夢想著天邊的一座奇妙的玫瑰園,而忘記今天必須付出的努力。想讓自己頭腦更精明,處世更老練,人際關係更融洽,事業更快獲得成功,就必須正視公司的真相,懂得做人的道理,懂得為人處世的方圓,掌握職場生存法則和應變技巧,從而在辦公室中穩操勝券,使自己立於不敗之地。

當你已經理解了所有與你有關的公司真相的時候,你就知道神馬並不都是浮雲,你也完全可以這樣理解impossible———I'm possible。

上班族新觀點：

拍主管馬屁是負責的態度；

忍氣吞聲是忍辱負重的展現；

任勞任怨是耐力恆心的表現；

序 言

第一章 生存的重點
　　——從進公司那天起就緊抱住老闆的大腿不放⋯⋯19

　　1・立場很重要，站得對才能做得對⋯⋯20

　　2・抱住老闆的大腿不放⋯⋯24

　　3・千萬不要跟領導對著幹⋯⋯28

　　4・處理好上司和公司的微妙關係⋯⋯32

　　5・你說的每句話，老闆都會知道⋯⋯36

　　6・老闆做好人，幹部做壞人⋯⋯40

　　7・報銷單是公司測試你的一個工具⋯⋯44

第二章 薪水的密碼
　　——做得多，有時不如說得多⋯⋯49

　　1・不要等著老闆主動給你加薪⋯⋯50

　　2・除非你不可替代，否則不要輕易跟老闆討價還價⋯⋯54

　　3・辦公桌體現著你在公司的價值⋯⋯58

　　4・「做得多」不如「說得多」⋯⋯62

　　5・「空降兵」往往比老員工拿更多的酬勞⋯⋯66

6‧先幹業績再提加薪……71

7‧人際關係良好是加薪的籌碼……75

8‧好績效也自己要多宣傳……80

第三章　升遷的邏輯

　　——做一隻埋頭苦幹的「老狐狸」……85

1‧升遷不是公平競爭，是權衡的結果……86

2‧加薪必須要求，晉升則要管好自己的嘴巴……90

3‧想要晉升，必須保持持續工作的熱情……96

4‧做一隻埋頭苦幹的老狐狸……102

5‧讓上司看到你的能幹……106

6‧你的形象價值百萬……110

7‧跟不上公司發展的人注定被淘汰……114

8‧做出超乎上司期待的成績……118

9‧讓雇傭你的人感到200%的滿足……122

第四章　說話的學問

　　——有些話千萬不要說，否則你會死得很慘……127

1‧想做什麼就用嘴巴說出來，注定完蛋……128

2‧別在公司裡信口開河……132

3‧不要在工作場合中透露私人資訊　……136

4‧為自己辯護的人注定成為輸家……141

5‧不但要做到位，更要說到位……145

6‧對高層的人不可直話直說……149

7‧再累也不要抱怨你對工作的不滿……153

8・隔牆有耳，嘲笑老闆的話少說為妙⋯⋯157

## 第五章 辦事的韜略
—— 人情歸人情，事情歸事情⋯⋯161

1・勇挑重擔，才能脫穎而出⋯⋯162

2・先當好士兵才能當元帥⋯⋯167

3・不討好別人，要贏得他人的尊重⋯⋯171

4・越俎代庖讓自己很累，也會四面樹敵⋯⋯175

5・老闆不看過程，要的是結果⋯⋯180

6・沒有任何老闆喜歡看到員工清閒的樣子⋯⋯185

7・千萬別把問題推給上司 ⋯⋯190

8・放棄「我做不了」，選擇主動請纓⋯⋯194

9・請假理由再充足也是慘白無力的⋯⋯199

## 第六章 能力的界線
—— 靠本事走天下沒錯，但並非任何時候都行⋯⋯203

1・進入公司後，學歷成為一張廢紙⋯⋯204

2・任何時候都別忘了靠本事吃飯⋯⋯208

3・讓自己成為公司不可或缺的人⋯⋯211

4・技能與才幹也有幫不了你的時候 ⋯⋯216

5・不要表現得你比別人更聰明⋯⋯219

7・讓別人成為你的「嫁衣」⋯⋯224

## 第七章 責任的劃分
——這些事情不用交代就該自動辦好⋯⋯229

1・下屬做得不夠好，責任在你……230

2・絕不允許下級越權……234

3・職位越高的人，給他越多的事……238

4・成功了是大家的，失敗了要自個承擔……242

5・環境差不是你的錯，抱怨卻是你不對……246

6・用耐心把冷板凳坐熱……251

7・盡快成為本領域內的行家……256

8・不要擋著別人的財路……260

## 第八章 去留的玄機
——你是主動跳槽，還是被炒魷魚……265

1・誰是獵頭公司名單上的紅人……266

2・小心你在假期被取而代之……270

3・要求老闆相當忍耐的時候，就等著要被取代吧……275

4・被解雇，你是最後一個聽到消息的人……279

5・上司也很擔心你請他吃魷魚……284

6・功高震主的時候也是你離開的時刻……288

7・做錯就意味著將被Fire……292

只有千錘百煉，才能成為好鋼。

偉大的事業不是靠力氣、速度和身體的敏捷就能完成的，
而是靠性格、意志和知識、技巧來完成的。

這是因為能力、責任、毅力、謀略勝過所有的蠻幹。

## 第一章 生存的重點

## ——從進公司那天起就緊抱住老闆的大腿不放

當老闆和你之間存在著領導和被領導、支配和被支配的關係的時候，也就意味著你的被動地位不得不受制於老闆的主動地位。你對老闆的服從和支持，意味著與那些沒有保住老闆大腿的人相比，你會有更好的生存環境和職場機會。反之，得罪了上司，對我們就會非常不利，因為人在屋簷下，不得不低頭，硬是反抗的人只會折的更快更痛。

辦公室的關係複雜而微妙，辦公室生存需要戰術和策略。而最可靠的生存要害就是從進公司那天起就抱住老闆的大腿不放。因為他的手上掌握著對你的生殺予奪大權，他們決定著你的生存和命運，職位升降、薪資增減都由他們說了算。因此，我們不但不能和老闆對著幹，還要學會與他在相處中多點圓滑和世故，多點尊重和奉承，多點挺他和為他考慮的表現，保證每一步都有助於解除威脅職場生存的危機，在化險為夷中藉著老闆勇往直前。

# *1*· 立場很重要，站得對才能做得對

　　踏入職場，進入辦公室，就是一場新的選擇和開始。能力突出，幹出成績，前提是選對了立場。在公司裡，很多時候，有以老闆的立場為自己的立場的見識和能力，站得對才能夠做得對，才能把握住生存的要害。

　　Jin雖然來公司不到兩年，但是很多事情也都是看在眼裡，記在了心裡。他知道甲經理和乙經理都在競爭總經理的職位。為了勝出，他們都在積極地拉攏自己的人，而下屬自然被分成了三個陣營：支持者、反對者和中立者。支持者得到了重用，反對者自然是敵人，是打壓的對象，而中立者則是被孤立的對象。

　　Jin當然不甘落人後，他必須首先為自己的生存選好立場。甲經理資歷深，經驗豐富，而且還有幾個大客戶，業績比較有保證。但是有一點就是為人方面，心胸有點狹窄，沒有足夠的氣量容忍下屬的成績和同級人的競爭。乙經理雖然稍微年輕一些，資歷沒有甲經理深，但是卻因為年輕敢作敢為，敢於和下屬分享成果，承擔責任。而且比起甲經理，還多了一份做領導的氣魄和眼光。

　　綜合比較後，Jin認為還是乙經理的發展前途會更好，所以，他雖然沒有公開的反對甲經理，但是還是選擇站在乙經理這一邊，盡力的幫助乙經理實現成功。果不其然，最後公司董事會通過對兩人的綜合考評，選擇了更有統籌全域能力的乙經理。Jin也因為對乙經理的升遷功勞顯著，被乙經理提名推薦做了經理。Jin很慶幸自己當初選擇立場時候的明智，正是因為

自己立場站得對才促使自己做對了。

薪水階層的社會，是一個競爭的社會。在辦公室中求生存，不得不各個方面都要照顧到。不論個人能力多麼突出優秀，都需要有一定的作戰立場，才能把握好方向。尤其是當涉及到老闆時，更是要跟對人，站準隊，以老闆為自己立場的風向標。

但是，不要將選擇立場簡單的視作辦公室政治，還要將其看作自己生存的要害和進步的階梯。試想，在自己實力不足的情況下，如果沒有一定的靠山和依仗，一般實現突破都會困難重重。反之，如果我們有一定的信念和立場，將有前途的上司當作我們學習的榜樣，站在他的立場考慮對我們的要求，站在我們的立場幫助上司成功，學習做上司的思考方法和辦事作風，用立場提升我們邁出的職場臺階。

我們不能選擇出身，但能選擇跟著什麼樣的人混。選對了，我們的職場之路將暢通無阻；選錯了，很多時候就很可能吃不少的苦頭。所以，在進入職場之後，「跟對人，站準隊」是非常重要的。尤其是對掌握我們生死大權的老闆。

正如投資基金，會站隊很重要，站得高才能看得遠。在公司中立場也很重要，站得對才能做得對。從進公司伊始，就要為自己選好方向和立場。因此，我們必須把握好以下幾點：

（1）以有能力的人為榜樣

三人行，必有我師焉。任何時候我們都需要不斷為自己充電，站得高才能看得遠。所以，多向那些有能力的人吸取經驗和知識。而且，很多時候他們的能力對我們的影響不只局限在工作處事上，還能有助於我們在人際關係上的累積和突破。因為有能力的人必有自己的關係，借助他們的關

係發展自己,是一個不錯的捷徑和選擇。

(2)以老闆為自己的立場

老闆的位置絕對不容許忽視,他們的決定與我們做出的成績息息相關。只有站在老闆的立場上,個人行為才能得到認同,結果才能變成業績,從而被老闆認同。否則,一個人以自己為中心,或是他人為中心的行為,一旦與老闆的意志不符,都有可能讓自己陷入被質疑的境地。老闆不喜歡不為自己工作,或是忽視自己卻以自己的手下為絕對領導的員工。只有老闆這個立場站得對,那麼就有把握做得對。

(3)站隊也要站得對

以老闆為立場絕對不能一概而論。有的老闆值得我們為之付出,因為有因必有果,明智的老闆是善於發掘金子的人。而有的老闆則是糟糕透頂,無論你多麼的賣力、做的多好,都始終得不到他的認可和滿意,只會要求你繼續做努力做,做得更多更好卻不會給你任何的相應回報,那麼,小心你被無情的壓榨或是被埋沒。個人不僅要會選邊站,還有懂得擇明君而事,站隊也要站得對。

很多時候,努力能夠換得良好的回報。但是,作為生存要害的立場問題,選擇則大於努力。如果不幸遇到不好的上司,那就是遇到了一隻攔路虎,你的職業之路也會變得頗多坎坷。你業績好的時候,他會把所有的功勞都算在自己頭上;業績差的時候,他會把所有的責任都推給你。他不能教你任何東西,也不允許你爬到他的頭上。他沒有升遷的機會,而你的前途也注定一片渺茫。

所以在職場中,要學會選擇跟隨好的上司,然後借助立場的正確性,把握機會爭取早日出人頭地。而如果遇到壞的上司,也不要灰心喪氣,爭

取換個部門或者換個公司，然後找到那個值得自己跟隨的立場，堅定的站過去投入奮鬥。

能夠選對立場，是屬於敏銳度高的人，是給予把握機會的人，是自己為自己創造成功機會的人。因此，對自己一定要有遠見，借助一雙慧眼，看清立場和前方的確定性，在能夠站穩腳跟的基礎上體現自己的人生價值。

👍【讀心術】

在選擇第一份職業的時候，並非人人都能夠進入那些優秀的企業。但是，無論進入的公司好還是壞，如果能夠真的把握並好好利用，就一定能夠享受到這次機會帶給人的無限好處。從某些方面看，跟對上司比選對公司更重要。因為只是選對了公司，卻得不到好的發展機會和空間，那麼最終還是不得志。而那些一開始就跟對了立場的人，完全可以憑藉自己的努力在立場上贏得優勢，逐漸發展出自己的優勢和機遇。後者相對前者來說更加難能可貴。

# 2. 抱住老闆的大腿不放

　　身在職場，只要你追求進步，那麼從踏入職場的那一天起，你每時每刻都面臨著為自己選好立場的問題。選的準確，今後的職場之路必定一路高升而上；一旦關鍵時刻掉鏈子，選錯了對象和立場，那麼就很可能面臨急轉而下的命運。而選對與否的關鍵就是會不會保住老闆的大腿不放，為自己爭取機會。

　　李紹唐在IBM工作的第15個年頭做到了協理。此時，他已經40歲，如果在事業上再沒有突破，那麼很有可能以後再沒有升遷機會。所以，他覺得必須為自己爭取一把。他勇敢地敲開老闆的門，直接問老闆：「你老實告訴我，在未來三五年內，我是否有往上升遷的機會？我到底有沒有爬到金字塔尖端的機會？」

　　在之前沒有任何可能性的情況下，他得到的答覆可想而知。因為IBM人才濟濟，企業文化非常強調「輩分」與「派系」，在他的前面至少排了十個人。即使他願意等，只怕輪到他，也是30年以後了。所以，他的機會不大。但是，不敢如此繼續下去的他開始尋求IBM之外的機會，轉機就在這時出現。正因為他抓住了老闆的目光，在既沒有任何家庭背景、又沒有留過洋、而且還沒有MBA學歷的情況下，老闆越發的注意人才堆裡的他。兩年半之後有了空缺之時，李紹唐先於那些排在他前面的人被任命為甲骨文華東及華西區董事兼總經理。

　　在職場上很多人怕見領導、見老闆，有時候沒有主動向老闆靠攏的心

思，甚至不屑於與老闆走得近，這都是職場的大忌。只有勇於向老闆展現自己，抓住老闆的大腿不放，不僅能夠得到晉升的機會，在關鍵時刻還能脫穎而出，排除職場的危機。

有些人認為抱住老闆的大腿不放就是以人劃線，有迎合權勢、拍馬溜須之嫌。其實不然。它說的是一個人對職場眼光的把握。有眼光不僅要看清辦公室裡的狀況，孰重孰輕、孰大孰小、孰是孰非，從而為自己選好立場，同時還要為自己長遠的發展考慮，為自己尋找能夠賞識自己，給自己發展機會和空間的人，此類人當然離不開老闆。如果偏離了這一點就很容易吃虧。

馬續一向認為要憑能力說事，在學校看成績，在單位看業績。於是在單位工作時，吃苦耐勞，寧當拚命三郎，從來不屑於做愛拍馬屁的投機者。在部門中，馬續是出了名的勤勞，除了幹自己的，別人挑肥揀瘦丟下的爛攤子，馬續也不吭聲地擔起來。有時甚至是別人放假，他卻加班、熬夜。

可是馬續跟同事關係好，跟領導卻很疏遠。逢年過節，看到有同事給領導送禮，馬續心裡很不屑。年底的公司聚會，很多同事找領導敬酒、表心願，馬續卻穩坐如泰山，同事打趣：「馬續，你是在等領導給你敬酒吧？」馬續只是悶頭吃菜。

時間久了，馬續也感到了不平衡。升職沒份、加薪沒份，就是陪著老闆公費旅遊也總是由健談的同事出馬，跟領導吃飯也總是被忽略。馬續心裡不是滋味：為什麼我這樣的人才，卻得不到領導的賞識？

經過一對比我們就能發現，老闆在很大程度上決定了我們的前途命運。雖然說能力是生存的關鍵，但已經不是如今職場的全部了。有時幹得

多卻是白幹，有時機會就在一念之間，抓住了就能時來運轉。因此，作為員工和下屬，事關自己職場的生存，必須明白以下生存要害：

（1）對自己負責

身為員工，對工作負責，對上司負責，對領導負責……歸根究底還是要對自己負責。只有自己是自己的主宰。正因為我們要對自己負責，所以我們必須為自己找到最合理、最有前途的目標和依靠。誰能夠決定你的職務和薪水，那麼當然，他就是你首先要負責的人。

不管是上司領導，還是其他對你有幫助和決定性的人，你都不能忽視和放過。給他留下好印象，遠比你加班苦幹要有效的多。別管他是什麼的樣的人，借助他為你服務是最重要的。只有借助他們的力量，我們才能更好地發揮自己。否則，很可能幾十年如一日的懷才不遇。所以，對自己負責，就要對自己好一點，抱住那個對你有用的人，尤其是老闆，就可事半功倍。

（2）能力是基礎卻並非生存的要害

每位老闆都需要有能力的人，因為只有有能力的人才能幫他做成事，賺大錢。但是，只有能力卻不懂得用能力吸引老闆為自己所用的人，只能是一個用能力幹活的人。如果只能幹活，而看不出對老闆更大的用處，那麼就一定沒有晉升的機會，唯一的機會就是繼續幹活，成為老黃牛。

除了能力之外，對老闆的忠誠和跟隨更加珍貴和稀缺。抱住老闆的大腿不放，即使你能力不是拔尖的，那麼你總有一天會上去，因為老闆既需要有能力的人辦事，也需要有眼光和忠誠度的人跟隨自己，為自己增添實力和勢力。老闆的提攜也是個人晉升的最快途徑。

（3）辛苦地做不如聰明地做，選對方向是關鍵

在職場上一聲不吭地苦幹，有可能只落得白幹的下場。在職場上，不是你一個人把活兒都包了大家就領你的情，相反人家會覺得你好搶功勞，喜歡單打獨鬥，缺乏團隊精神，所以「辛苦地做不如聰明地做」。聰明做的關鍵就是選對方向，和領導搞好關係。

這是營造愉快職場環境的良好方式，通過和老闆領導保持融洽的關係，那麼，不僅個人能力得到充分發揮，個人的功勞努力都被認可，還會有很多發展晉升的機會。相反，處理不好和領導的關係，不說工作業績不能保證，即使有了業績也會消耗在不被人肯定和誤解、爭鬥過程中。最後吃虧的還是自己。所以，管理好自己和老闆的關係是提高工作效率的重要途徑，抱住老闆的人腿不放，關鍵時刻還能有晉遷的機會。

👍【讀心術】

職場永遠都是雙向選擇的地方。老闆選擇我們為他工作，我們選擇老闆為他效力。但大多時候都是老闆握有更多的主動權。這一過程能否實現雙贏就看我們對待老闆的態度和行為。進入公司主動敲領導、老闆的門，才更有機會獲得提升。看先輩們所經歷的種種，我們會發現打破長久的沉默，主動向老闆靠攏是成功的捷徑。

# *3*‧千萬不要跟領導對著幹

　　想在一個公司立足，一定要明確這樣一點：領導比天大。因此，無論你有多麼充足的理由，無論你的本事有多大，還是真理就站在你這一邊，你都應該避免和上司對著幹。

　　王先生是一家科技公司的副總經理，不僅擁有令人羨慕的博士學位和高薪，還憑藉超強的工作能力，取得了非凡的業績。當初，這家公司只有5個人、30萬元創業資金，今天它能發展到600名員工、2億元固定資產的規模，離不開王先生的功勞。

　　不過，有一件事讓王先生很鬱悶，比他晚進公司、能力並不出眾的李先生成了他的頂頭上司——公司總經理。原因只有一個，李先生是老闆的弟弟。

　　對這位新領導，王先生看不慣。有一次，李總陪同某一個外商參觀公司的實驗室，外商發現門口貼著進實驗室必須換鞋的規定，就開始解開鞋帶。旁邊的李總馬上說：「今天就不用換了，過後讓管理員擦一下地就可以了。」身後的王先生馬上反駁：「不行，這是公司的規定，誰也不能例外？」大家面面相覷，讓李總在外商面前十分尷尬。

　　應該說，李總也有做事不妥的地方，但是他畢竟還是一個通情達理的人，而且在公司事務管理中善於傾聽意見，得到了許多人的擁戴。不過，心高氣傲的王先生並不買帳，多次頂撞上司，成了領導眼中的刺頭。

　　後來，李總向老闆反應這件事，開始的時候，老闆還一再忍耐，說王

先生為公司立下了汗馬功勞，後來看到王先生實在不像話了，索性找了個機會，把他派到外地開發新市場了，從此成了不被重視的一員。

在公司裡，有才華的人自然得到重視，但是恃才傲物，不給領導面子，甚至憑藉自身優勢與領導對著幹，那就等著被別人取代吧。要知道，我們身邊到處都是有才華的人，缺少的是既有才華又明事理的骨幹。

所以，和領導融洽相處，讓對方認同你、讚賞你、支持你，是你在公司立足，進而發展下去的必然選擇。

不跟領導對著幹，有許多門道和說道，並非逆來順受那麼簡單。最重要的是，你要做好下面幾點：

（1）不要逆著上司的脾氣

人都有脾氣，而且誰都有發脾氣的時候。對領導來說，他們發脾氣往往與工作有關，即有意無意地在用發脾氣的手段去達到一定的工作目的。

與上司打交道時，必須正確對待和妥善處理上司發脾氣的問題。否則，要嘛讓上司小看你，要嘛激化雙方的矛盾。

對待上司發脾氣的正確態度是：只要上司不是有意侮辱人格，或故意找茬兒，你應該以忍讓為上。特別是當你在工作上出了差錯，上司為此發脾氣時，你不僅應該忍耐，而且應主動表示認錯或道歉。

需要指出的是，那些在上司對其發脾氣之後，特別是受到委屈對待時，能主動向上司表示親近的人，是聰明的表現。這樣做絕對不是委曲求全，而是一種良好的修養，這樣的人能成大事。

（2）維護好上司的面子

中國人酷愛面子，視權威為珍寶。上司者尤愛面子，很在乎下屬對自己的態度。衝撞上司，最傷上司的面子，最能導致上司的恨，使他對你充

滿怨恨和怒火。

工作中，大多數上司喜歡聽命自己的下屬，這不但是上下屬組織關係的必然要求，也是上司履行職責、達到預定目標的前提保障。上司們一般都會認為，自己有權要求下屬去做某些事情的。

更重要的是，許多上司能從中體驗到強烈的優越感，對自己充滿信心。反之，下屬的衝撞會使上司下不了臺，面子難堪。

顯然，如果上司的命令確有不足，採用對抗的方式去對待上司，這無疑會使他感到尊嚴受損，以敵意來對抗敵意。特別是在一些公開場合，上司是十分重視自己的權威的。或許他會表示，可以考慮你的某些提議，但他絕不會允許你對他的權威提出挑戰。

（3）對上司，服從是第一位的

身在公司，你要明確一點：對上司，服從是第一位的。下屬服從上司是上下屬開展工作的前提，也是上司觀察和評價自己下屬的一個尺度。

堅持服從第一，做好上司的助手，是聰明之舉。有時候，你在情感上懷著極大的不滿，但理智地執行了他的決定，對你的氣度胸懷，他也不得不佩服甚至敬重之情油然而生。

細心的人都可能會發現這樣一個事實：在公司裡，同樣都是服從上司、尊重上司，但每個人在上司心目中的位置卻大不相同，這是為什麼呢？

根源在於，有的人肯動腦子，會表現，主動出擊，經常能讓上司滿意地感受他的命令已被圓滿地執行，並且收穫很大。相反，有的人僅僅把上司的安排當成應付公事，被動應付，不重視資訊回饋，甚至「斬而不奏」，甘當無名英雄，結果往往事倍功半。

「服從第一」應該大力提倡，善於當好助手則彰顯你的智慧。通常情況下，當好助手要掌握以下的技巧和藝術：對於有明顯缺陷的上司，積極配合是上策；表現出你「能幹」的一面，從而引起上司的注意；關鍵時刻挺身而出，得到上司的青睞；主動爭取工作任務，表現出你負責的一面。

👍【讀心術】

因為不識時務、不看上司臉色行事而遭遇穿小鞋、受冷落的人不少，應該引以為戒。對於那些架子大、自尊特別強的人，遇事不給上司留面子，甚至「老虎頭上拍蒼蠅」，就大錯特錯了。在主管面前，你必須夾起尾巴做人。否則，傷了上司的面子，你就會倒大楣。

# *4*· 處理好上司和公司的微妙關係

　　做下屬有做下屬的為難之處，那就是夾在上司和公司之間，似乎左也不是右也不是。其實，每個人都有做下屬的經歷，但是很多人都能從下屬走向成功，究其原因就是他們將這個看似很複雜的問題簡單化了，那就是找準自己的立場，指導自己的行動，其他的就都可以解決或是隨之解決。

　　阿峰在現在企業的製造中心做生產計畫3年有餘。前2年他和上司都互動的很好，但從第三年下班年開始，輪調來了個新上司，工作方法和思路上和他很難和拍。阿峰人為自己更加瞭解這個團隊，更清楚如何去運作，而新來的上司還不上手，所以很多想法是不對的。

　　對於公司新下達的指令和目標，阿峰覺得自己很認真地履行自己的職責。但是新上司在派發公司的任務時，卻往往與公司有一些偏差，這讓阿峰很是無法接受。在堅持自己的看法的基礎上主動找新上司溝通了幾次，試圖讓新上司理解自己和自己帶的小團隊的處境和工作思路，然後改變自己的想法。但是到後來他發現他怎麼也改變和左右不了新上司的思路，而又很難強迫自己去完全認同新上司。

　　就在這樣的僵持和較勁兒中，不僅工作流程和運作出現滯緩的現象，公司的業績指標也跟隨下滑，無法正常交貨，客戶投訴接連不斷。最後，公司責難下來，新上司以阿峰無法配合和帶領團隊給他放了個大假。

　　他人的想法並不是那麼容易改變的，更何況對方還是你的上司。上司需要機靈、有能力的下屬，但是更多的前提是有服從的意願和行動。如

果一個下屬常常違背他的工作指示，卻常常自認為自己是站在公司的立場上，那麼他遲早要因為不能做一名出色的下屬而被判出局。

只要你在企業工作，就一定會碰到公司和上司同時給你指令的情形。也許你做自己的工作的時候，上司讓你彙報進度，然後給了你指示和意見。不巧上司的上司也想知道情況，然後就又親切的給了你一些建議。雖然大多數時候兩位上司的意見與指令基本保持一致，但也總有唇齒之爭，還是有些為難。

這時候，就是事關你的生存的問題了。不要以為上司的上司更大而盲從，但也不可完全忽視。畢竟都是上司，都掌握著自己在這個公司的命運。與他們相處，處理好他們之間的關係，是體現能力和職場生存智慧的時刻。每個職業人都面臨著與上司有效溝通、互動的需要，因此，對這種關係進行管理的能力，不僅決定了下屬與上司相處的和諧程度，也決定了下屬工作的順利程度，更影響著下屬們的職場成功與否。

那麼，學會一些與公司和上司相處的技巧，就可以避免不必要的出錯：

（1）分歧必然存在

上司和公司有時會站在不同的角度思考和理解問題，進而在作出指示上出現偏差。這些都是不可避免的，一定要認清這個現實。有時，你會站在中間左右為難，到底是聽誰的呢？按照公司的意思做，必然會因為違背了上司的意願而得不到上司的認可。如果按照上司的期望做，萬一結果不能符合公司的預期怎麼辦？

其實，這就是上司和公司之間的微妙關係。這種關係輕者會影響自己發揮的空間，重者可能影響到自己的前途。只有處理妥當才對彼此最有

利，而且既然分歧必然存在，那麼就要去面對和解決。逃避或是打馬虎只會增加做錯事的風險。要知道，上司受雇於公司，即使有分歧也是可以解決的，否則上司不會冒著完全背離公司的風險開展工作，否則他就會被炒魷魚。有了事情，他也會直接對公司負責。而我們首先要做的就是要正確詮釋上司的意思。

（2）溝通為先

公司和上司在用不同的詞句表達同樣的工作預期時，難免會因為角色和角度不同而出現偏差。這時候作為直接的受命人和執行人，如果下屬不能正確詮釋上級的理念與需求，就很容易造成工作中的失誤和結果偏差。很多時候，我們並未發現自己與上司未處在同一認知水準上，上司期望的結果與我們自己理解的績效南轅北轍。所以，先做好溝通才是主要的。

我們需要在做事過程中不斷審視自己是否正確地詮釋了上級的理念與要求。也就是說，在做事過程中，我們需要得到上司的及時回饋；尤其是面對上司和公司發出不同指令時，你更需要審視他們是否在用不同的詞句表達同樣的工作預期。或者，他們的確存在著認知上的差異。如果真的存在分歧，最好是先適時地將公司的意見傳達給上司，讓他自己做出權衡，然後聽取了他的意見後再行事。相信上司一定是做出了仔細衡量後才會行動，這其中的利害關係他自己更清楚。

（3）站在最有利的立場上

上司是我們最有利的立場。作為用人單位和企業，上司是公司聘請來的，他應負責的對像是公司。而作為下屬的我們則是需要對上司負責，直接受上司的領導。更多時候，對上司的評價來自於公司，對我們的評價來自於上司。如果捨棄上司而站在公司的立場上，不僅會出現站在公司的立

場來評判現在的上司的越俎代庖現象，還很容易因為得罪上司影響自己的事業。

既然各在其位，就要各謀其政。作為下屬，就應該對上司負責。更周全的為公司考慮的事情是上司和上司的上司的職責。我們需要做好的就是說明自己的上司成功，他的成功既意味著我們的成功，也代表了公司的成功。這也是職場必須遵循的一個基本原則。「良禽擇木而棲，良臣擇主而侍」的古訓，說的就是將自己的成功建立在幫助上司成功的基礎上。

上司與公司之間意見不一致，會給下屬帶來很大的壓力和麻煩。這類問題處理得好，就會增加與上司之間的信任度，給自己增加活動空間；如果處理得不好，不僅沒有功勞，反而使自己進退兩難。所以，做下屬更要做一名出色的下屬，不僅是讓公司和上司來管理自己，自己也可以在這兩者之間學會管理與他們之間的關係，從而使自己生存在空間更寬廣。

### 👍【讀心術】

職場也有職場的政治學問，其中最忌諱的原則之一就是評判你的上司。如果衝突不可避免，你可以適當地裝傻，糊塗一會，但是也不可太較真，覺得公司才是最需要考慮的集體利益。作為你的上司肯定有比你考慮更周全的問題或原因，畢竟是公司在聘用你的上司，而不是你。太莽撞只會被顯得很傻很天真。

# 5 · 你說的每句話，老闆都會知道

　　你在工作中說的好話壞話老闆都會知道。很多時候，表現自己不僅僅是依靠能力和行動，適當的話也可以發揮很大的作用。如果老闆不可避免地對你所說的話瞭若指掌，那麼就利用這個機會，在行動之外再次抓住老闆的大腿不放，穩固自己的生存現狀。

　　王森工作一向都是勤懇賣力，工作業績突出，經常受到上司的好評，同事也是很認同他的成績。有一次，他因為帶病上班，吃了感冒藥發睏的緣故，導致工作中出現了一處錯誤，險些誤了大事，幸虧被上司及時發現糾正了過來。

　　但是，因為這次失誤，害得全體上下大為緊張，期間簡直可以用雞飛狗跳來形容，這是上司絕對不容許出現的現象。他覺得這都是王森惹的禍，所以，把他叫到辦公室大罵了一通，還說起他之前表現那麼好，現在關鍵時刻居然犯這麼低級的錯誤，讓人很難不去懷疑他之前的能力和表現。最後估計是累了，所以上司才不再追究。

　　王森覺得很委屈，本來自己就是帶病上班，上司不體恤民情罷了。現在因為一個沒有造成實質性的損失而且已經解決的問題對他大加責難，還否定他之前的功勞，這樣的上司真是太糟糕了。所以，王森就把自己的QQ狀態改成了自己現在的心情，並在自己的微博上詳細描述了自己的不滿，其中當然不乏對上司的不滿和看法。

　　中午休息的時候，王森忙著找藥然後吃飯，所以忘記關掉QQ和MSM，

結果恰好被上司看到。從此，王森就察覺到，上司對他總是若即若離的，即使自己可以做得很好的工作上司也不會像之前一樣交給自己。他還以為是自己那次錯誤造成的，所以就向同事抱怨上司的小心眼，不通人情。自然而然的這話又傳進了上司的耳朵，王森與上司間又多了一層隔閡，處境也越來越顯得多餘，因為他沒事兒可做，更別提出業績了。

應該說上司偶爾的小心眼，心胸狹窄是不可避免的，但是下屬同樣有說人閒話在先。如果沒有將牢騷和不滿公佈於眾人，那麼上司有可能根本就不記前嫌，什麼事情也不會有。反之，因為自己無心的言語，讓上司不得不考慮自己在下屬中的威信和形象，此時，他必定會記住那些說他壞話的人。

對於任何一句你說得與工作有關的話，尤其是與上司有關的話，都會被傳到上司的耳朵裡。或許你覺得可信任的人卻不信任你，乃至於把你當作競爭對手，到上司那裡打小報告實屬平常。或許那個人只是當玩笑，隨口在別人那裡又轉述了一次，導致最後傳到上司耳朵裡。或許對你來說是很重要的事情，對別人來說卻是沒什麼大不了的，在上司面前當作笑話講。總之，你說的每句話老闆都會知道。

當一句話從你嘴裡說出來後，控制權就不在你，而在聽到的人。你再也沒法控制這句話的傳播，更無法掌握局勢。你管不住別人的嘴巴和上司的心思，但是完全可以管得住自己嘴巴。職場上的每時每刻，你都要想清楚，自己該說什麼，不該說什麼。一定要記住的就是：

（1）不要隨便與人交心

在公司中，與同事相處的時間甚至比與家人、朋友相處的時間還要久。但是，並不是相處的越久人就越可以相信。因為職場是競爭的鬥場，

在兩個相互競爭的同事間，動了真感情，只會自尋煩惱。因為有競爭就必須有所保留，如果你與對方交心，而對方卻對你保留很多，不僅會影響你們之間的交往，對方還可能趁機抓住你的弱點加以利用，帶來的只有無盡的麻煩。

（2）不要在同事面前批評上司

記住，既不要在同事面前批評上司，也不要向人傾述對上司的不滿。即使你被上司發了一通火，你也不能晚上和同事到酒店借酒消愁，向同事傾訴你的苦衷和對上司的不滿，這樣做是很危險的。因為你的同事是你的競爭對手，他們隨時可能把你的牢騷報告給上司，也許幾天後你被人「整」了還不知道為什麼。俗話說「害人之心不可有，防人之心不可無」。最好的辦法是絕不在同事面前提起自己的不滿和委屈，有的話對著朋友和家人傾瀉一番還不會擔心有後顧之憂。

（3）小心被對手利用

說話之前要想清楚，不止要想這句話對自己有沒有傷害，也同樣考慮會不會被別有用心的人利用，這是職場生存的要害。有時，你說的話，在有些人聽起來可能沒什麼，甚至你自己都覺得沒什麼。但在你競爭對手耳朵裡，卻可能很有價值。如果再被他繪聲繪色地描繪一圈，那麼肯定就變質了。你的對手可以利用這樣創造對自己有利的時機，那對你而言就非常不妙了。所以，既然你說的話老闆都會知道，那麼乾脆一點，什麼都不要說，包括任何可能被與工作相關的人聽到的場所。

（4）以其人之道還治其人之身

既然老闆潛在的耳報神無處不在，時時刻刻對自己來說都是一種威脅，那麼自己何不順手拿來用用，為自己造勢和添威呢。在同事面前，在

老闆的背後，多說老闆的好話，讓那些專門打聽小道消息的人聽一聽你對上司的讚美和敬仰，讓他們找不到你的弱點，沒有把柄可以抓住。或者關鍵時刻對著周圍人透露幾句似乎是他們想知道的，但是又對你有利的，讓他們無意間成為你的傳聲筒。只要你利用得當，壞事情也能變成好事情。說不定，老闆正好就在暗處的某個地方，聽到了你的讚美自然會解除很多無意間的誤會。

我們說的每句話老闆都會知道，但是並不意味著我們就沒有了自己的空間，就必須赤裸裸的暴露在老闆的眼前。很多時候，看似很糟糕的、無法逆轉的處境，越容易出現轉機。很明智的一點就是將生活和工作兩者分開。對工作恪盡職守，也要懂得克己利人。平常少說話多辦事，要說就說有分量的、對自己有益處的話，不能把工作場所當成嘮家常的地方，也不能太死板，任人宰割。坦然地面對老闆的審視，淡然地處理該說什麼不該說什麼，對大家來說都是一種自在的，更是職場的技巧。

## 【讀心術】

老闆很大程度上決定著下屬的命運，但是並不意味著命運就不在下屬的手中。因為苦惱不知如何留給上司一個好印象的人，很容易走很多彎路。老闆希望看到的就是多做事投入工作，少說話尤其是閒話的人。當他們從他人的嘴巴裡聽到你對他們的評價的時候，比他自己親耳聽到還要嚴重的多。用做事的能力加上適當言語的庇護，才是走好職場路的基礎。

# 6 · 老闆做好人，幹部做壞人

　　老闆為了自己公司的經營良好，會願意站在維護幹部堅持原則的立場和態度的角度，給予幹部一定的權力來為自己排憂解難。這樣的任務只有懂得合適時機並會運用的幹部才能勝任，做一位在老闆和下屬之間的協調者，一座橋樑，既架起了老闆和員工間的成功溝通，也構築了自己的成功。

　　小張是公司裡上任不久的經理。因為一次意外事情，導致很多員工對公司的做法很不滿意，所以就有幾個同事要找領導談一談，得到一個明確的答覆。因為本是小張可以自己解決的事情，但是，他覺得自己是新來的，怕處理不好，反而還擔責任，所以他就對他們說：「我能夠理解你們的想法和要求，部分我也贊同。不過你們光在我這要求也沒有用，你們還是等總經理來了去找他，讓他給你們一個明確的說法。」

　　後來，他們果真找到總經理，本來想經過一番討論得到一個滿意的答覆。但是，在總經理知道他們已經找過經理，經理讓他們來的時候，只見總經理臉立刻板了起來，嚴肅地告訴他們誰再這麼「無理取鬧」，那麼就可以直接去領辭退金了。他們幾個本來還以為總經理會像經理一樣好說話，沒想到被下馬威住了，也就不再提出什麼要求。

　　總經理對這件事情相當生氣，把經理小張叫過來只冷冷的說了一句：「如果以後連這些小事兒都處理不好，那麼我就沒有必要留著一位不會解決問題只會把問題推給我的經理了。」小張聽後才知道自己犯了一個多麼

大的錯誤，竟然在明知問題有點會令人下不來台的情況下，還將問題推給上司，明顯是逼迫老闆做起了壞人，自己做好人。如果一不小心，自己付出的代價就可能是工作不保。想到這麼嚴重的後果，小張不由地出了一身冷汗，知道以後該怎麼做了。

有吸取經驗教訓的機會還是很幸運的。有些人很不注意上司願意幹什麼工作、迴避什麼事情，往往容易得罪上司，惹出麻煩。真正的道理應該是，從為上司著想的角度，幹部和下屬除了把問題當作自己的分內事一樣解決掉，還應該維護上司的面子，替上司分憂，而不該把事情推到上司好老闆身上。

在公司內部，有各種原則和規則約束著員工。老闆作為公司的所有者，又是經營者，還有可能是規則的制定者。由於身分特殊，很多時候老闆自身並沒有那麼嚴格地像下屬一樣遵守規則。如果由老闆去講原則，大多員工都會不理解、不相信。這時候，就需要幹部出面，做一位真正講原則的人，來維護制度的尊嚴。

這是一種老闆做好人幹部做壞人的職場現象。如果幹部不講原則，沒有原則上的堅定性，那麼老闆去講原則就會比較尷尬。老闆經常做「壞人」，對於企業高層管理人員在企業員工的形象大損，員工會把所有問題都歸結到領導身上，長期以往企業會缺乏凝聚力。而幹部也沒有發揮出自己解決事情的能力，長此下去就有可能失去老闆的信任。

工作中矛盾和衝突都是不可避免的，上司一般都喜歡由自己充當「好人」，而不想充當得罪別人或有失面子的「壞人」。再者，其實幹部和老闆是利益共同體。你們要想成功就得同舟共濟。那麼，為了保證融洽的工作關係富有成效，並使雙方都獲益多多，就得學會以下方法協調好與老闆的

關係：

（1）把握老闆的個性

首先要弄清楚，你的上司是個只願把握大局的人，還是個事無巨細皆不放鬆的人。如果你向一個只願把握大局的人彙報上一大通細枝末節，那麼你倆很快就都會煩的。你也許會認為你對某項工作是如此殫精竭慮，而你的上司卻漠不關心，其實這樣想就錯了。一位只願把握大局的領導會認為你該把所有基礎工作都做好，否則對方就不會信任你。你的老闆可能只注重結果。如果你早些瞭解老闆的個性，你倆的合作就會愉快得多。

從心理學的角度分析，上司因為手中有較大的權力、較高的職位，面子感和權威感較強，做壞人影響了自己的權威。所以，願當好人，不願當壞人的心理是一種很普遍的上司心理。此時，上司最需要下屬挺身而出，充當馬前卒，去代上司擺平，甚至要出面護駕，替上司分憂解難，贏得上司的信任。

（2）一紅一黑相得益彰

當老闆對待員工和藹慈善，態度親切，即使是那些違反了紀律，做錯了事，影響了業績的人，老闆也會保持自己通情達理的老闆形象，出來做個好人。此時，幹部就要嚴格要求下屬，嚴厲處罰違反規定者。

在原則性問題上，如果老闆唱紅臉，你就要唱黑臉，一方面說明老闆維護了規則和利益，另一方面也凸顯老闆的管理策略和智慧，幫助他在員工當中建立起良好的形象，那麼這個時候，你就能夠在這樣的過程中慢慢得到老闆的青睞，成為老闆的得力助手。這是抓住老闆，站在老闆的立場上的關鍵，也是自己能夠長久的處於較好生存狀態下的關鍵一步。

幹部唱黑臉，老闆唱紅臉。這是一種相得益彰的管理哲學。其實，幹

部的黑臉是老闆允許的，或者可以說是需要的。紅臉的出現一是為了緩和情勢，二是為了收服人心。畢竟，公司是老闆自己的，幹部的黑臉也是為老闆出力，還能襯托出老闆的紅臉，何樂而不為呢？

其實，從組織工作整體講，下屬把問題攬到自己身上，有利於維護上司的權威和尊嚴，把大事化小、小事化了，不影響工作的正常開展。如果你不能把握上司的個性和心理，不能意會上司什麼時候需要你，需要你做什麼，那麼就很容易讓上司尷尬。

不過，幹部的積極主動、大膽負責是有條件的，即有利於維護老闆的權威，維護團隊的整體團結，而不要隨意越權、出風頭、搶鏡頭，爭個人的職權，那樣就會搞雜關係。總之，幹部是老闆左膀右臂，與老闆密不可分，只有正確、恰當地處理好與老闆的關係，才能保證個人事業和團隊在良好、默契的配合中穩固發展。

一旦幹部真正處好了與老闆的關係，在老闆做好人、幹部做壞人當中找到平衡，你就會發現老闆會託付你更多的責任，使你事業有進步，工作更滿意。這也說明，你已經把握住了職場生存的要害。

👍【讀心術】

做幹部常常都要扮演壞人的角色，這個壞人，不是沒原則地做壞人，而是在勞資利益發生衝突時才表現出來。所以，應該做到在公事立場上以身作則，在私人立場上表示理解，對需要幫助的員工給予一定的幫助，這樣，整個管理團隊就會變得高效、團結、富有戰鬥力。否則很容易因為做事太僵硬導致樹敵太多的不利後果。

# 7·報銷單是公司測試你的一個工具

職場中任何形式的考勤和記錄都可以作為測試受此約束之人的工具。報銷單也不例外。要想時刻給老闆留下好印象，不被老闆排斥在值得信賴和負重任的行列，就要在包括報銷單在內的一切細節處用心，為自己在職場中生存把好關。

趙先生平時工作一向兢兢業業，可是因為出差、忙碌還有其他的一些原因，有一筆報銷款本來9月份就該報的，卻一下子拖到了年底，再不報銷就作廢了，趙先生趕緊找了老闆。可是一向很信任他的老闆，卻忽然變得陌生起來。

老闆一項一項地詳細核查，弄了好久，趙先生暗想：「報銷不是很正常嗎？怎麼就跟抽老闆的肋條似的，如此斤斤計較！」令趙先生更尷尬的是，仔細審核錢款後，老闆居然真的發現有一項有點小出入，還好只是小數字。事後趙先生不快地想：其實以前有時候為了報銷方便，乾脆就會把零頭湊整，老闆壓根不會注意，今天這是怎麼了？幾天後，趙先生輾轉打聽到，原來因為業績不佳，年底有幾個專項的人員要縮編，趙先生的部門也在裁員之列，老闆正愁抓不住下屬的小辮子呢！一向自我感覺不錯的趙先生，突然發現自己岌岌可危！

不要覺得老闆的過於謹慎有什麼錯。畢竟，你要報銷掉的是他的收益和財產。他不為自己節省就更不能指望別人。所以，他的斤斤計較也是應當的。對員工和下屬來說，關鍵是自己填寫的報銷單上是否為自己埋下了

職場隱患。

報銷單上值得老闆關注的不僅僅是你需要報銷的金額，現在更多的是所報銷金額的用途，也就是產生費用的原因。很多人都有拿著私人消費的開銷充當公費來報銷，並且還常會為自己的聰明和占到便宜沾沾自喜。殊不知，他早就將自己敗在了報銷單的考驗之下。

當英國國會議員將5英鎊的捐款當作公費報銷時，他所受到的責難將是何其多。此時，報銷單是一種公共監督工具。而在公司當中，報銷單就是公司監督、測試個人的一種工具，是老闆瞭解下屬的一個管道，而且是可以直接窺視到個人動機和品質的平臺。

要想擺脫或者是避開報銷單危機，就要懂得先發制人，不為自己留下報銷單隱患。擺脫辦公室危機的一個妙招就是經得住報銷單的考驗：

（1）不把老闆當傻瓜

大部分公司都會有月底報銷（誤餐費、汽油費、交通費等）、出差報銷、年底報銷等等各類報銷。當讓領導在報銷單上簽字的時候，有沒有觀察過老闆的表情，或者是留意到老闆說過的話？不要覺得老闆只會在報銷單上簽字，他們都會看你報銷的金額，即使只是不經意的掃一眼，他們也會在心中衡量一下你的報銷是否合情合理。如果有必要的話，財務部門可以隨時為老闆提供每個人的報銷明細。

貪小便宜的人總會把報銷單當成是一個便宜的工具，卻不知永遠逃不過老闆的法眼。很多人感覺用單位的電話打私人長途、上網玩遊戲，或者拿點小東西根本不是事兒，可是一旦被領導發現，就很容易給領導留下負面印象。即使是幾十塊錢的餐費、交通費，也有可能壞了你的前程。因此，千萬不要自作聰明地把老闆當傻瓜。因為他們是老闆，所以他們精明；因

為他們現在比你精明，所以他現在是你的老闆。

（2）關鍵時刻別犯低級錯誤

報銷也要看老闆的臉色，要趕好時機。如果他心情不好，你卻跑來「消費」他的金錢，那他豈不是心情會更糟？老闆心情不好的時候，不管是什麼事情都要先避一避，更何況是報銷的事情。心情好時可能一點點的瑕疵對老闆來說沒什麼，但是不好時情況就會糟糕透頂：平常不算過錯的失誤也成了罪過，即使沒有明顯失誤他也會雞蛋裡挑骨頭。

再者，報銷要趁早，如果正是公司資金最緊的時候，或者是業績不好，報銷就更是撞到槍口上了，自然會招致反感。所以，會看眼色才是報銷順利的關鍵。報銷要懂得為自己尋找好時機，避過任何對自己不利的狀況，關鍵時刻不反低級錯誤。

（3）身正不怕影子斜

當老闆連你開的發票上面的時間也核對，然後把屬下每位員工的每月費用都記錄下來，這時你的心情是怎樣的？忐忑不安，心驚膽戰還是面不改色心不跳？

忐忑不安的人可能並沒做什麼虧心事，只是擔心老闆會不會對自己不可避免的錯誤窮追不捨。心驚膽戰的人就會擔心自己的佔便宜心思被老闆發現。而最安心的則是面不改色心不跳的人，他們沒有在報銷單上做任何手腳，也不怕老闆的任何糾察和考驗，他們深信身正不怕影子斜。

每個公司和個人都有自己的道德守則，而個人對於這些準則的理解和實施也各不相同。但是，最保險和問心無愧的莫過於身正不怕影子斜的人。無論從哪一方面講，這樣的人都能夠經得住報銷單的測試和考驗，成為老闆心目中值得信賴的一員。如果甘願以身試險，那麼到最後丟掉的並

不僅僅是金錢，還有自己的素養和前途。

【讀心術】

　　老闆看到報銷單不說話並不代表他沒有疑問和意見。沉默反而是更加糟糕的時候。他更多的是在心中衡量報銷單上的過失，以及此人對這一行為要負的責任。當問題上升到嚴重一面時，貪便宜的人就不得不為自己的行為負責，因為任何經不住考驗的人都要付出代價，用來明白真正的生存要害是在哪裡。

## 第二章 薪水的密碼

# ——做得多，有時不如說得多

　　一個人的改變，源自於自我的一種積極進取，而不是等待什麼天賜良機，對於薪水亦是如此。我們不能等著老闆主動給我們加薪，因為相信別人，放棄自己，這是許多人失敗人生的開始。我們也不能只說不做，好高騖遠，因為不切實際且不加實踐永遠不會有進步。同時，我們也不能因上司的誇獎之辭就沾沾自喜，讓自己睡在已有的成功溫床上，埋葬了極有可能的加薪和成功。

　　無論上司對我們的態度如何，都要知道，關鍵是要贏得優勢，知己知彼才能成功加薪。即使在最艱難的時刻，也要相信自己手中握有最好的獵槍。學會讓自己的每一個下一次都更加進步，是做大自己的有效法則。努力地用實力證明自己，並讓上司看到你的更大的潛在價值，那麼，加薪之路必定不遠，這是薪水不可忽視的密碼。

# *1*·不要等著老闆主動給你加薪

　　在付出了很大努力的情況下，想要獲得相應價值的報酬是我們不斷追求的目標。但是很多時候老闆很難做到能夠及時給我們加薪，尤其是在我們不懂得主動爭取的情況下，更加有可能使加薪成為遙遠的期望。所以，要加薪，就要懂得自我爭取，為自己爭取更多的價值體現空間。

　　開貿易公司的張總最近很興奮，原來他招到一個稱心如意的助理。

　　新應聘來的助理簽了三個月的試用期。結果三個月還沒過，張總就提前讓她轉了正，而且還相應地為她加了薪水。三件事情使得這位助理的身價暴漲:

　　一是讓她訂早上九點左右的機票。在打了幾十個電話後，她向張總彙報:公司原來簽的訂票公司價格還不夠便宜，她找到幾家更便宜的。然後把她的尋找結果E-mail給張總。是一個簡單的列表，時間、航空公司、機型、哪個機場起飛，一目了然。這是以前的助理從來沒有做到的事。

　　二是讓她代收供應商送來的樣品。大大小小一共幾十件。她也列了個詳細的清單，讓供應商簽字。因為只是樣品，所以供應商們從來沒有想到這樣做。

　　三是接到一個催款的電話時，助理當著張總的面對話筒說:「張總出去開會了，等他回來我轉告好嗎?」

　　雖然助理新來公司還不足三個月，但正是因為這些出色的表現，張總已經立刻讓她轉正。後來，她還不斷的立功。尤其是一次一位大客戶在作

出最後決定前來公司做最後的調研，結果卻找不到先前負責的專門人員。因為她做助理，又恰巧碰到了這個專案的資料，就用心的看了一下，所以這時正好用上。最後在她的熱情招待和專業講解下說服了客戶，最後不僅選擇了本公司，還特別向老闆提到了她。當一年後她主動向張總提出加薪的時候，張總不僅爽快的答應，而且還告訴她說打算再觀察她一年，以後培養她做自己的副總經理。

她能夠如此快的得到轉正和加薪，最關鍵一點就是抓住了老闆的眼光，每次自己的突出表現和靈活應變都活靈活現地展示在了老闆的面前，等於是在向老闆述說自己的價值。將工作做得如此到位，如此和老闆的心意，別說主動要求加薪被滿足，得到重用也是理所當然的。

很多人認為如果我做好自己的事情，我出業績了，公司肯定會給我加薪，是的，公司會給你加薪，但是加薪的幅度肯定不能滿足你的期望。對於那些整天一邊工作一邊幻想「到時候」老闆會給我加薪的人，光顧他們的大多不是願望的滿足，而是幻想的破滅。

老闆要衡量的是所有員工的價值，不可能對每一個下屬的價值和業績都做到面面俱到。而且，公司並不會覺得總是給你增加薪水就能達到更好的收益。我們想當然的以為永遠不可能奏效，即使薪水有所增長也不會達到我們期望的水準。被動的等待老闆主動給我們加薪，浪費的不僅是時間，還有因此喪失的更多利益。

要想真正地得到物質和精神上的滿足，就必須學會主動爭取自己應得的，贏得自己期望的。在職場中，能讓老闆滿足自己的就只有主動出擊，用實力證明自己，並讓上司看到你的更大的潛在價值。如下是幾個關鍵點：

（1）證明你的價值

　　如果你在公司整天無所事事，那公司肯定不會給你加薪的，在要求之前你必須要證明你的「價值」，讓你成為公司不可缺少的人才。而證明自身價值的前提就是要知己知彼才能成功加薪。

　　知己者就是知道自己到底能吃幾兩乾飯，衡量自己的能力和潛質，有了清醒的認識才好對申請加薪做好心中有譜。

　　知彼者就是同行業同層次的人多拿到的薪酬狀況，作為自己申請加薪的參考和老闆給你加薪的依據。另外，你還要知道老闆的期望值。如果你離他的期望永遠很遠，那麼即使你再怎麼努力也不可能讓老闆滿意，他也就不會給你加薪。如果你能力早就超過了老闆的期望值，卻意識不到要去申請加薪，那麼就很容易吃虧。

　　知己知彼是保證加薪順利實現的策略。只有做好策略工作，在證明自己價值時做到心中有數，有據可依，方能馬到功成。

　　（2）加薪源於主動

　　一般情況下，每一個努力工作的我們，都對公司有信任感，認為只要努力工作上司和公司就會給我們加薪。但是，對於薪水，公司和員工來說，這二者之間永遠都不能達到雙贏，也就出現了很多人對自己目前薪水並不滿意的現象。

　　很多人有提出不滿的衝動，但是卻都幻想或害怕自己提要求以後老闆有什麼想法，所以不敢提出來，但是如果你不敢提出加薪，公司給你的可能就是一個平均值或略高於平均值的薪水，它不是你所期待的。只有我們在充分衡量自己價值的基礎上主動申請加薪，才是掌握住了自己加薪的密碼。

　　（3）爭取最大的優勢

　　像做任何事一樣，關鍵是要贏得優勢。自身的價值是自己把握的一大優勢。即使如此，也不可輕舉妄動，貿然行動。

　　還有一個優勢要掌握，那就是要注意維持與上司的關係。在加薪這件事上，他要嘛是你唯一的盟友，要嘛是你最大的敵人。當你上司的上司向他詢問有關為誰加薪的建議時，前者會站在你的一邊，後者則會從中阻撓。爭取上司是你的盟友，是另一大優勢。即使做不到如此，也要保證他不會成為你的敵人。此後，主動申請加薪時，不僅少了敵人，還會多了支持者，才更容易達到目的。

　　競爭激烈的職場已經使自身優勢先於職位。如果沒有自身不可替代的價值，並注重把握有利條件，就很容易失去自己加薪的機會。主動申請加薪時一定要採取的，但是，不講究策略和戰術的行動，很容易錯失良機，低估對手，結果往往也不理想。這些道理和生活、處事很像，只要我們善於總結並吸取經驗用於指導自己的行為，那麼成功大可以事半功倍。

### 👍【讀心術】

　　主動不僅源於行動，也源於業績和價值展現。申請加薪要讓老闆看到自己的閃光點，而且是他特別渴求的。抓住了他的胃口，才好滿足。機遇和加薪都不是被動地等來的，主動的人往往擁有更多的機會和更大的成功可能。記住，需要展示自己的成績，但不可忽視個人的工作好高騖遠，畢竟每項工作都會給你機會為公司做出貢獻。

# 2·除非你不可替代，否則不要輕易跟老闆討價還價

　　加薪問題是每個身處職場的人都會碰到的，每個職場人都希望老闆、上司可以給自己更多的薪水，起碼是與自己的期望值不要差太多。如果偏差太大，難免要與老闆「討價還價」，爭取更多的薪水。此時，最不能忽略的前提就是，只有為老闆和公司做出了實質性的貢獻，並不可替代的人，才有和老闆討價還價的資本。

　　眼看著一切都在漲價，而自己5年來薪水從沒漲過，小安就覺得自己很憋屈。小安覺得自己的經驗和資歷，什麼都不說，但是公司起碼要漲，否則自己大不了跳槽走人。所以，他下班後氣呼呼地來到老闆辦公室，提出了自己的調薪的要求。正在寫文件的老闆抬頭看小安一眼，停下手裡的工作說：「看來你是嫌薪水低。」

　　小安知道以老闆的精明，肯定心中已經明白了自己的想法。他說：「老闆，我有整整5年的工作經驗，為什麼我的薪水卻只有別人的一半？」

　　老闆莞爾一笑，耐心地說：「雖然你有5年的工作經驗，但這5年來，你只有一種經驗，那就是顧客來的時候你說『歡迎光臨』，顧客走的時候你再說『歡迎再來』。而別人雖然一開始也是這樣，但是他們會在不斷的實踐當中，自由的發揮，根據不同的客戶說不同的話，用不同的策略，形成自己的風格。時間久了，別人會厭煩你的單一和呆板。別人則憑藉自己的獨特和靈活吸引客戶的注意力，從而建立長久的關係。從這一點上來講，你的工作誰都可以做，而且很多人幹到5年的時候都幹出了自己的特色，變成

不可替代的一員。而你，隨時都可以被替代，所以，你們的薪水自然不一樣。你從未讓自己更有價值，薪水自然不會增加。我只有付給更有價值的人更多的薪水，才能讓他們繼續為我工作。」

小安聽後啞口無言，自己隨時都可以被他人取代，也就意味著自己根本就沒有和老闆討價還價的資本。這是多麼可怕的事情，而自己5年來卻一直都沒有意識到。此時，他通過對比和老闆的一番分析，他才知道除非自己不可替代，那麼就沒有資本和老闆討價還價。為了不枉費自己這5年來的荒廢，現在的當務之急就是讓自己成為不可替代的一員。

想要加薪，觸碰的就是老闆和公司的利益，老闆當然會慎重對待，從他的利益角度出發，他只願意將高薪水給予那些在同等基礎上，為他創造了更高價值的人。這樣的人，對於老闆來說，是實現更大價值的源泉，是不可替代的潛力股。

當一個人的能力讓老闆覺得可用，價值讓老闆捨不得失去，那麼，如果老闆沒有主動加薪，個人當然可以適時地向老闆表明心跡，因為你完全有實力另尋高就。如果一個人，只是完成那些隨便什麼人都可以完成的工作，同時還想要更多薪水的人，恐怕上司絕對不會給予多餘的薪酬。

薪水是與人的價值和能夠創造的利益相匹配的。所以，想要更多的薪水，就要先衡量自己有幾斤幾兩。從老闆的立場出發，從以下方面對自己進行準確的定位。

（1）公司的獲利狀況

只有公司獲得了更多的利潤，老闆才有可能將一部分作為高薪水或是獎金獎勵給他的下屬。這是提出加薪並實現的可靠前提。如果公司盈利不是很多，或是公司不賺錢的狀況下，你還想要求老闆加薪，這無疑是自討

沒趣的行為。

（2）自己的功勞成分

當然，大部分值得我們繼續效力下去的公司肯定是贏利的。但關鍵是，這份贏利是否有你的功勞，你對你的上司而言，是否是一個有用的、不可或缺的人才。只要對公司、對老闆來說有用處，能夠為公司創造更大的價值，那麼明智的老闆都不會捨得你的離開。他們都明白，較為切實際的方式就是用高報酬籠絡你，留住人才。

尤其是在你提出加薪的情況下，他們能夠敏銳的覺察出你的搖擺的動向，明白這是一種抗議和暗示，不加薪你就有可能去尋找能為自己加薪的地方。這不是老闆們願意看到的，因為只有你的價值和功勞才值得吸引他們提供更多的薪水。

（3）老闆是否明智

伯樂不僅會識別千里馬，還會好好地重用千里馬。只有識才的人才懂得惜才愛才。更何況是能夠為他帶來好處的不可替代的人才。如果我們的上司和老闆足夠明智，那麼加薪的機率肯定會大大提高。所以，在效力之前，一定要先明確自己的負責對象，只有明智的老闆才是我們效力的對象。如果對著糊塗的老闆，即使發揮的作用再大，無疑是對牛彈琴，討價還價也沒有勝算的希望。

（4）談話的天時地利

和老闆談加薪是要講技巧的。時間、地點、語氣，一個不留神，就會惹怒老闆。只有根據公司和老闆的情況，找準最好的攻薪時機，巧妙的下手，動之以情，曉之以理，才能夠保證加薪之路的順暢。

具備了這幾樣條件，你就可以和老闆討價還價，提出加薪了。加薪

是對上一階段工作成就的追加補償，先拿出表現來，才有資格得到加薪。你的能力通過自己的努力、公司的業績呈現出來，再加上說話時的合適時機、技巧，老闆一定能夠看到不可替代的你的潛力，加薪也就有望。但是如果不能夠知己知彼，尤其是不能夠充分、準確的為自己定位，就盲目地向老闆提出加薪，那麼，只會為自己帶來失望的後果。

👍【讀心術】

　並不是每位老闆都能夠明智決斷，也並不是每位老闆都可以慷慨解囊，唯一不能夠排除的一個條件就是自己的價值——不可替代。這是談判的硬實力，是加薪不可缺少的籌碼。有了它，再充分施展軟實力，才能為自己申明加薪。否則，就不要盲目的和老闆討價還價。

# *3*‧辦公桌體現著你在公司的價值

辦公桌幾乎是每個職場人必不可少的戰鬥場地，同時也是一片屬於自己的私人空間。由於它很大眾又因為主人的不同而顯現出特色，所以辦公桌的面貌直接體現了它的主人的待事處事能力，進而折射出一個人在公司的價值。

你的辦公桌是否是各種各樣的資料擺在那裡，要用的時候翻箱倒櫃般的尋找，費了很多時間還有可能找不到？最後因為耽誤了事情被老闆痛罵一頓，自己心中還是很不平，覺得可恨的是老闆可惡的是找不到的資料？

你的辦公桌是不是灰塵都可以隨風飄散，而你卻視而不見？你是怕髒沒有去清潔自己的辦公桌，還是因為沒有事情做根本就用不到辦公桌？前者說明它的主人也乾淨不到哪去，後者最容易讓大家覺得它的主人無所事事。

是不是除了與工作相關的文件還有很多花草飾品隨處「漂」，仍然找不到家的感覺？是不是自己用來放鬆和消遣的東西一不小心卻探出頭來被上司逮了個正著？不是上司的眼太尖，對你太挑剔，而是你並沒有把工作和休息分開來，不能合理分配時間和空間的人很容易讓人誤解為偷懶和不務正業。

辦公桌是體現秩序的場所。美國著名詩人波浦曾說過：「秩序是天國的第一條法則。」

芝加哥和西北鐵路公司的董事長羅南‧威廉士說：「一個桌上堆滿很

多種文件的人，若能把他的桌子清理一下，留下手邊待處理的文件，就會發現他的工作更容易，也更實在，我稱之為家務料理，這是提高效率的第一步。」

由此我們發現，將辦公桌整理的僅僅有條，體現的不僅是秩序的哲學，也是效率的真理。也許你不曾注意，但是辦公桌越專業化的人越容易受到尊重和青睞。因為，乾淨的辦公桌可以給人良好的感覺，而雜亂無章的辦公桌給人的感覺則是：

1·欠缺好的生活習慣、思考習慣、工作習慣和情緒習慣

2·為人處事不明了。

3·缺少必備的實用知識。

4·處理實際生活問題的相關經驗和能力不足。

這是一種多麼糟糕的狀況。你以為辦公桌是私人的地方，想放什麼就放什麼，但是請注意，正是它的私人空間性質才可以更加準確地體現著你的價值。想要體現專業的價值，就要讓你的辦公桌也變得專業化，從現在開始做起：

（1）從整理辦公桌開始

堆滿了可能幾個星期都不會看上一眼滿是文件的辦公桌，多的不是成就感而是灰塵。堆滿了來不及寫的回信、報告和備忘錄等的辦公桌，感到的不是自己對工作的熱情，而是足以讓人產生混亂、緊張和壓抑的煩悶情緒。時間就在這樣雜亂的辦公桌中消耗掉，同時還有怎麼做都做不完的工作和提高不了的效率。

要想改變這種狀況，恢復有秩序地工作，就要從清理你的辦公桌開始。這可能要花費一些時間，但是省下的將會是以後更多的時間。將資料

分類整理，事情分成輕重緩急，先重後輕，先急後緩是毋庸置疑的。當你做到這些的時候，你清理的不僅僅是自己的辦公桌，還有自己的心情以及做事的效率和成功的機率。

（2）珍惜時間

對辦公桌的慢待就是拖遝和拖延的表現，是對時間的浪費和褻瀆。時間就是金錢，時間就是生命，對於許多人來說，時間不是一分一秒來的，而是浪費與否的問題。既然開始了整理辦公桌，就要一鼓作氣，珍惜時間，把逝去的時間積極的贏回來，才能彌補因找不著頭緒對工作造成的可能的損失。

（3）表現能力

既然辦公桌體現著個人的價值，那麼就要學會好好利用這一點。既然上司喜歡看到你積極、有價值的一面，那麼何不就多多的這樣做，展現給他看呢？井井有條的文件資料，有條不紊的時間安排，穩重可靠的處事作風，都盡在小小的辦公桌上見分曉。

（4）創造效率

對待辦公桌不能流於形式，實質性的效率和成績才是最重要的。整潔的辦公桌是每天展現自己的一扇窗，但是卻代表不了全部。還需要有節奏、有效率的一步步完成工作和任務，才算是將辦公桌的價值真正發揮出來。因為辦公桌不是為了當作擺設而必須整齊有序，而是為了提供更好的環境、更高的效率。價值和效率相互影響，也相互成就。

歌德說：「把握住現在的瞬間，把你想要完成的事情或理想，從現在開始做起。只有勇敢的人身上才會賦有天才、能力和魅力。因此，只要做下去就好，在做的歷程當中，你的心態就會越來越成熟。能夠有開始的

話，那麼，不久之後你的工作就可以順利完成了。」

　　辦公桌可以是每一個人，在每一個階段的新開始、新起點。在整理辦公桌的同時也是對工作和自己的整理。無論是个希望被工作影響了心情的人，還是覺得必須認真對待工作然後做出一番成就的人，都必須像對待朋友一樣對待自己的辦公桌。只有盡心盡力的去做，必然會得到相應的回報。

 【讀心術】

　　不可忽視辦公桌對個人能力的考驗。一屋不掃何以掃天下很適合用來描繪辦公桌對於人的價值和意義。整理不好自己的辦公桌的人，那麼整理工作和生活的能力一定也不好。這樣的人，很難會讓老闆有重用的念想。價值不是一定要在轟轟烈烈中展現，小小的辦公桌同樣是一場你來我往相互交融的場所。

# 4·「做得多」不如「說得多」

工作的很大部分都是需要做出來的，因為不做就沒有業績，沒有業績也就意味著工作的失敗。但是，只會做事不會展示自己的人很難有真正出采的地方，更會因為做的多而被埋沒在了太多的事情當中。只有拿出一些重點，用自己的話語為自己鋪展開來，那麼才有機會獲得職場更多的保證，否則，只能隨著沉默而漸漸的沉寂。

曾經有一位朋友向我抱怨他在工作中遇到的問題。他是公司裡的部門主任，我的一位師弟是他的手下。

他說，你師弟工作認真，人也挺好，就是有一點，語言表達能力太差，這樣真的吃虧了。

朋友說，師弟的業務素質、為人處世絕對沒有問題，問題在於表達能力。他的語言能力實在糟糕，一件十分簡單的事情常常被他說得莫名其妙。更不幸的是，他的語言中還有拖音和口吃。想想這樣一種聲音與上司交流，上司是多麼的難受和為難。

據我所知，師弟並非語言障礙，而是有些「喋喋不休」，說話總不能抓住實質，導致上司聽不懂他在說什麼，影響了工作效率。久而久之，上司就不願意跟他有太多的交流，有事也盡量交給其他人，這樣師弟漸漸的就失去了很多的好機會，看著別人又是加薪又是升遷的，只有自己很賣力的原地踏步。

在現如今，誠懇老實已經不再是一個褒義詞了，沒有老闆願意雇傭這

樣的員工，因為一般這樣的人都不懂得用語言展現自己，為自己添彩，所以遇事也很難做到靈活應對。其實，要知道有時候在眾人面前，乾脆的語言更能彰顯一個人的人格魅力和工作能力。

很多時候，當你埋頭苦幹時，上司都會對你誇獎一番，或是加上幾句激勵的話語。此時，你的反應和做法是什麼？受寵若驚，不知言語？覺得被讚賞是榮幸，在心中暗下決心以後一定會更加的努力？抑或是覺得這些都是自己應該做的，沒什麼大不了？

這樣做的後果可想而知，今天的誇獎到不了明天就煙消雲散了，上司也不再記得你這個「埋頭苦幹」的「好員工」了，上司絕不會對與他毫無交流的員工印象深刻，除非上司在想他會不會有問題。此時，何不乾脆的站起來，感謝一下上司的鼓勵，然後彙報一下自己的工作，詢問一下出現的問題，徵求一下他的意見。不一定非要有多麼重大的問題才能去討論，小小的切入點只是交流的開始，讓上司瞭解你的開端。只需花費一點點的功夫，果斷的說出一點點自己想法，相比做的就有可能事半功倍。

不過，只顧說肯定會給上司和同事留下輕浮的印象，所以還是要少說、說的精才是重點。切不可拉住一個人就當知心。在職場和辦公室當中的人，並不適合我們推心置腹的談心。他們需要知道的是你工作的熱情和能力，而不是默默無聞、毫無見地，或是喋喋不休的優缺點一大堆的往外倒。要知道，沒有任何一位雇主願意雇傭不能表達自己的人，不說話或是說錯話都屬於這一範疇。同時，也沒有同事會真心地聽你訴說心聲浪費他們的時間，時間對每一個人都很寶貴。

說話，講究學問和技巧。可說可不說，可多說不可多說，都是有一定的限制的。不要覺得是對自己的約束，因為管不住嘴巴的後果更嚴重。告

訴自己，不僅要做得多做得好做得到，更要說得好說得到：

（1）說出你的能力

上班工作，有時候表達要比工作能力更重要，做的多還不如說得多就反應了說話的重要性。有很多員工面對同事和上司，即使是面對展現自己能力的機會也都像患了失語症。總是不想主動去爭取自己的想要的，而是等待上司、主管發現自己的優點。到頭來會發現越是這樣越不被發現。而即使是那些說出了自己的錯誤的人，因為他們的爽快和主動，不僅很快被大家原諒和接受，還因此受到重視。

很多時候，一個善於表達自己內心想法，對主管能進行有效表達的員工，往往能得到自己最滿意的職位和薪水。一個人應該坦然面對自己，包括自己的優點和缺點，要有信心在不同身分的人面前表達自己內心的真實想法。因為我們面對的不僅僅是一份工作，還是展示自我的一個平臺。如果我們連用最基本得話語展現自己的勇氣和表達能力都沒有，上司怎麼會放心將有挑戰性的工作交給我們呢？

所以，當作的很多很好的時候，在不停下前進的腳步的同時，一定要記得用嘴巴說出自己的能力。做和說是不可分割的有機整體。只會做不會說，只能拿到一份死薪水。如果能夠說出自己的能力，那麼得到的不僅是讚美和欣賞，還有增長的薪水也是觸手可及。

（2）說到正點上

敢說也一定要說的對，說到正點上。很多時候，喋喋不休卻說不到正題，解決不了實際問題還只會惹人煩。要說就說有分量的話，因為說話不只是為了說，而是為自己的變現和能力服務的。當你的工作做得很到位的時候，你就要為你自己打開一扇展現的大門，用自己恰如其分的語言讓上

司看到自己的成果。只有適當地展現了自己，上司和同事才會更加瞭解自己。既然做得好，那麼得到老闆的重視，加薪升職肯定有望。

不過，在這一過程中一定要避免得意忘形，使他人相形見拙。你在得意時越誇耀自己，別人越迴避你，越在背後談論你的自誇，甚至可能因此而怨恨你。這樣無形中就給自己的事業帶來了不可預料的麻煩和阻力，還有可能讓事情更糟。沒人希望這樣的事情發生在自己的身上，那麼，保持一定的謙虛，給人舒服的感覺才利於爭取到有益的形勢。

成功的大門是自己用行動和語言的能力去打開的。即使在這一過程中遇到了什麼困難，那麼也要相信語言的魅力和能發揮的力量。可以幫助解決行動上解決不了的問題，可以化解做著解決不了的麻煩，可以帶來新的契機和奇蹟。如此種種，當你敢於面對自己、面對職場、面對上司和同事，並說出自己的想法和意見以及展望的時候，你一定會發現一切都將煥然一新。

👍【讀心術】

　　辦公室中講究少說話，但是與自己的工作有關的卻可以適當地多說，而且要把握住機會盡量的多說一些對自己有利的。很多時候，適當的、不著痕跡的用嘴巴為自己小小的做一下秀，不僅能夠和大家和諧和睦的相處，而且還能在愜意的環境中不斷的為自己帶來和爭取到更多的機會。多說一點，就能夠一帆風順的前進，何樂而不為呢？

# 5·「空降兵」往往比老員工拿更多的酬勞

　　職場空降兵是企業生存發展的法寶，也是個人成功的標誌。要想做大、做強，做成功的職場空降兵，不能只接受來自別人的稱讚和誇獎，還要用實際的成績為自己說話，只有做的到位，才能保持自己的身價。只有做的更好，才能總是比老員工拿更多的薪水，這是個人價值的體現方式之一。

　　何琛在來公司之前已經小有名氣。聽說之前一個很名不見經傳的小企業，經過他的經營，一年之內發展成了市里很有影響的大企業。之後，許多想要壯大自己走出去的企業都高薪挖他，最後他選擇了這個公司。他一來就是一把手，成為了地區負責人，全權處理這邊的事情。公司員工早就聽說了這位年輕有為的何總很有一套，而且特立獨行，很有個性，總公司很看好他，給了他一年的時間。

　　果不其然，新官上任就先將正在進行的幾個項目一個個痛批了一番，並傳達了自己的意見。這下公司裡面炸開了鍋，即使他很厲害，但是也不能否定所有人長久的努力。大家意見頗大，對他都是表面敬畏暗地議論加不服，他交代下來的任務自然受到一些阻礙。

　　不過，何琛也不是吃素的，乾等著他們。他瞭解情況後，知道之前的作風很適合沒有成績的企業，不適合在這個已經有些影響的公司，看來自己必須調整策略才能取勝。首先，他提拔了幾位比較有能力的老員工，用他們的影響凝聚人心。其次，他在加上自己的意見的基礎上，讓員工試運

行了一個他們在做的專案，從而使員工意識到自己的意見對於解決問題的正確性和重要性。隨著他的調整政策的一步步實行和成功，人心也漸漸傾向於他，結果不到規定期限，他就大手筆地將之前懸而未決的幾個項目完全搞定，而且成績斐然。不僅消除了員工對他的顧慮，也讓更多優秀的企業看到了自己的潛力和價值。

作為空降兵，通常都是企業引進的中高層人才，而且具備企業自身成員所不具備的能力。但是，這種能力能否發揮到位，則取決於很多因素。在他盡快展示自己的價值和實現企業用他的目的的過程中，他面對的不僅僅是來自市場、老員工的阻力，還有自身的局限性。

面對市場，需要解決的是企業的生存和發展。面對老員工，需要解決的是競爭和認同。面對自己，需要解決的則是自我否定和突破。其實，每一次的空降，都是一場融入、駕馭、改變的鬥爭和嘗試。想要在新的企業中生存下去，就必須解決好市場和老員工的問題，只有取得相對這兩者的優勢，才有可能比老員工拿更多的薪水，並擁有源源不斷的資源等著自己。

想要成為比老員工拿更多薪水的空降兵，就必須學會空降兵的生存之道：

（1）為自己選擇合適的東家

企業既然願意花大量的代價引入空降兵，那麼自然是看中了空降兵身上的能力和潛力。作為這樣的人才，每位空降兵肯定有自己的一套，保持自己的身價，拿到更優厚的薪水。對空降兵來說，其中一個很重要的原則就是為自己選擇合適的東家。很多時候，選一份新的工作、累積經驗等需求已經是其次，他們需要的是一個施展才能的平臺。

雖然很多企業都有已經空降兵的計畫和措施，但並不是每個企業都適合空降兵的施展，而且很多企業在給予充分獨立和授權方面做不到，反而影響了個人的發展。所以，空降兵選擇適合的空間對自己來說事關自己的生存，所以一定會很慎重。對企業要認真考察，即使條件優越，也要堅守適合才是第一位的。做到求精不求多，才能更好地施展自己，總是能為企業帶來良好的收益，這樣，生存的空間才更大，週期才會更久遠。

（2）學會尊重

企業在引進空降兵時，一般是本著引進新思路的考慮，而且願意引進空降兵的企業一般也都是有一定成功基礎的企業。每個成功的企業都有自己獨特的寶貴經驗，他們在引進空降兵和新思路的同時，不會完全否決自己以往的經驗和思路。所以，空降兵想要融入新的環境和集體，就必須首先學會尊重你的新東家。

尊重不僅源於想要獲得認同，雖然這是被接受和開展工作的前提。另外一點重要的就是可以在尊重和肯定對方的基礎上，充分暸解企業的發展步伐和動態，洞悉他的優勢和劣勢，從而找到自己的切入點，才能開展工作，搞定成績。所以，空降兵要在尊重中找準自己的位置和價值。

（3）找對找準癥結所在

空降兵的價值就在於不斷地突破自我，不斷地對症下藥。如果簡單地躺在自己過去的經驗上，簡單地把過去的經驗搬過來，那麼，很可能會自己砸了自己的招牌。

所以，想要成為一名出色的空降兵，就要有創新性的思維，需要認真思考，不僅對企業進行客觀分析，還要認真、客觀分析自己過去的經驗是否符合現在的企業，怎樣才能在現在的企業當中發揮出自己盡可能大的功

用。不斷的發現、探索和自我拷問，找對找準癥結所在，不斷地解決問題，提升自己，更好地做出更好的工作成績。

很多時候，空降兵都是備受企業的青睞和厚望，這樣在感覺上難免會覺得自己很有能力、很重要，有意無意間表現出比老員工更優越的架勢，如此總總是絕對需要避免的。空降兵在空降到新企業後，想要實現企業的預期目標，首先的一條就是要融入到這個新的大家庭中。但是，融入絕不是同流合污，而是適應，因為只有你活下來才有帶領企業走出去的可能。否則一切都免談。

也有些人會以自己能夠為新東家帶來大量的人才而自恃功高，其實這也是極其不明智的。唐駿在談到自己職業經理人經驗時，在說到如何讓新公司員工接受自己其中一點就是：我不會帶去一個自己過去的部下。因為多一個人對老員工來說就是一份競爭和壓力，讓新公司員工比較難以接受。沒有獲得接受也就是沒有一定的支援，那麼很多工作將難以展開、執行。

企業空降兵需要短、平、快地融入新的環境，駕奴新的環境，改變新的環境。一連串的過程可簡可繁，關鍵是看從一開始有沒有給自己一個準確的定位。辨清自己和企業的優劣長短，在發揮優勢、互補劣勢的基礎上，堅持和諧進入、和睦相處、和氣生財的原則，那麼，你就能在得到上司的誇獎之餘拿到更多的薪水。

【 讀心術 】

　　空降兵也是在競爭中上崗的。有的人因為空降的對從而不斷成功，有的人則是在輝煌的時候遭遇難以置信的滑鐵盧。無論何時，空降兵都必需為自己的生存環境和前途考慮，既不能貿然前進，掌控不住局勢反而害了自己，也不能保守不前，畏首畏尾，不見成效。如果能夠在穩和變之間找到平衡的支點，那麼一切就能在自己的掌控之中。

# 6 · 先幹業績再提加薪

　　容易成功的人工作之初，想的並不全部是薪水和待遇等等。他們更注重的則是自己的發展和機會。如果有更好的前途，那麼薪水就可以放在其次，可以邊累積自己邊尋找更好的發展。自然而然的，當用自己累積的能力和經驗幹出業績的時候也就是申請加薪的時候。而一開始就急功近利的人則鮮有成功。

　　美國著名作家馬克·吐溫曾經講了自己親身經歷過的一件事情。某一天，他接到一封剛從學校畢業的年輕人的信。信中說，我是一名大學畢業生，想到美國西部當一名新聞記者，無奈人地生疏，請馬克·吐溫先生幫忙，替我推薦一份工作。馬克·吐溫回信為這個年輕人提出了求職設計「三步驟」：第一步，向報社提出我不需要薪水，只是想找到一份工作；第二步，到任後努力去幹，默默地做出成績，然後提出自己的要求，如果報社能給相應的薪水，我願意留在這裡；第三步，一旦成為有經驗的業內人士，自然會有更好的職位等著你。

　　後來，馬克·吐溫又收到了這個年輕人的來信。信中說他按照馬克·吐溫的「三步驟」認真做了，結果在職場不僅得到了「一席之地」，而且獲得了自己心儀的「好職位」。

　　職場學問很多時候都是前人親身經歷，不斷總結然後教給後來的人的。馬克·吐溫作為頗具經驗的人，給年輕人的建議在今天看來似乎有些不可思議。因為不需要薪水的工作誰去做呀。的確，沒有薪水不現實。但

是，剛進公司，有些人沒有什麼經驗，也就意味著什麼都不會。有些人是初來乍到，即使有經驗，恐怕還是需要先適應環境。所以，一開始誰都不能貿然的向老闆提出漲薪水。因為空口無憑，老闆絕對不會給任何價值還未給他帶來的人隨意漲薪水。

一般來說，老闆會根據員工的表現和工作時間長短在薪水上給出差別。但是，老闆很不喜歡一開始就先要價的員工，因為這樣的員工讓人覺得不務實事，或只是為了薪水而工作，並不是真正的想工作，也不會投入自己真正的熱情。那麼，這樣的員工很難讓人信任。這種情況下，無異於將自己定位成了壞員工，對以後的發展相當不利。

更何況，人在不具備自己創業的條件下，作為一個想要立志成功的人，你就必須為將來有更好的發展做好經驗累積、技能提高、關係儲備、增進知識等方面的準備。這就是說，工作所能帶給你的，要遠比薪水帶給你的多得多。

借助一份工作獲得鍛鍊自己的工作平臺，既可以從中獲得經驗與資歷，又可以藉此展現自己的能力和才華。做出業績的那一天也是上司回報我們的時候。所以，想要獲得更多的薪水，就要放低自己的姿勢，先幹出業績再說不遲。要想實現目標，以下三步必不可少：

（1）以老闆的心態來工作

工作初始，得不到一份薪水讓自己滿意的工作時很正常的事情。但是，一個不可忽略的事實是一個人有沒有出息，不在乎你處於什麼環境，幹什麼工作，關鍵是看你以怎樣的心態來對待環境，對待工作。

很多人容易因為工作的某一方面讓自己不如意，然後就自暴自棄，或是怨天尤人，整天埋怨上司不重視自己，不給自己機會，不為自己漲薪水

等等。在蹉跎歲月的時光中發現，漲薪水的夢想還是沒有實現，自己的處境反而還因為自己的墮落而越來越糟。

相反，如果你以老闆的心態來工作，那麼，你就會把工作當作自己的事業來考慮。以全域的角度來審視自己的工作，確定這份工作在整個工作鏈中處於什麼位置，你就會從中找到做份內工作的最佳方法，你會認為這是表現自己工作能力、鍛鍊自己技能和毅力的一次機會。會把工作做得更圓滿，更出色。有了這樣的心態，你就會因工作做得出色而使薪水得到提升，也可因縱觀全域的領導能力得到培養、鍛鍊和提升。

（2）迅速有效地完成工作

做事最忌諱拖遝，因為拖遝就意味著效率低，效率低就出不了成績。只有迅速有效地做好每一項工作，就可以避免許多雜亂無章的事情發生。那麼，就可以爭取到較多的時間來做有意義的事情，做得更好。

要知道，時間就是效率。作為優秀的員工，要既能夠不拘泥於固有規則少走彎路，又能夠利用有限的時間去完成更多的工作。只有準時高效的完成任務，才可以抓住任何對自己有利的機會，顯現出自己對這份工作的重要性，而不是僅僅這份工作對我們的重要性。當角色這樣轉換的時候，也就是說，你已經變被動為主動，成為了不可缺少的一份子。那麼，加薪就在不遠處。

（3）贏得上司的賞識

在做好了充足準備的時候，你發現自己還缺少什麼？當然是賞識性的目光，只有來自上司的賞識才具有決定意義。在一個公司裡，即便你做得很好，如果你的上司不欣賞你，你也很難有出頭之日。

欣賞，不僅是上司對你的青睞，也可以是你向上司拋出自己的誘餌。

要讓老闆欣賞你，你必須要清楚老闆會欣賞什麼樣的員工。勤奮、敬業、有思想，能幫助老闆分擔責任和壓力，這樣的員工老闆最欣賞。當你用自己的能力和業績吸引住了上司的注意力，讓他不只用嘴巴誇獎你，還要讓他給你實實在在的鼓勵和獎勵。因為，你能夠贏得他的上司那就是你的資本。

當你不斷做到了這些的時候，你就知道自己正在漸漸地幹出屬於自己的業績。而這個時候，無論上司有沒有再向先前一樣誇獎你，你都有條件去申請加薪了。

👍【讀心術】

進入職場，尤其是牽涉到薪水之類的，人就不得不多長一個心眼，多加小心。並不是說自己要求加薪不對，而是人們往往習慣於用人對薪水的態度來衡量個人的品質和素養。一開始就要求加薪會被認為急功近利，不可信。我們不得不避免這種容易讓人想太多的情況，最好的還是用實力和業績說話。

# 7·人際關係良好是加薪的籌碼

　　熟客戶帶來的不僅僅是效益，還有受青睞的程度和機會。這就是有人際關係的好處。好的人際關係什麼時候都可以幫助自己，但是不會維護、不懂得珍惜的人也不會擁有。只有抓住機會善待那些對自己有用的人，並用真心和耐心去維護，才會從中得到自己想要的好處。

　　有的時候，對於老闆來說，他們寧可炒掉能力強人緣差的人，而以能力差但人緣好的人取而代之。因為，公司裡出來的活兒到最後還都是依靠團隊協同工作完成的。如果為了一匹千里馬而得罪所有其它的百里馬，其結果是什麼都做不成。再說，如果真是匹千里馬，當他不僅起不了帶頭作用，反而因為人際關係差得罪了其他所有的人，破壞整體的工作環境，那麼，是誰對誰錯自見分曉，誰去誰留老闆自然有了明斷。這就是人際關係糟糕的壞處。

　　如果說自己所在的公司不如意或是突然面臨裁員的打擊，就會發現有的人像無頭蒼蠅焦急的不知如何是好，有的人則已悄悄地在打電話聯絡，發動自己的關係尋找下一個工作機會。不是走後門，而是通過關係得到有需要人的地方，然後憑藉自己的能力爭取，當然比那些連何去何從都不知的人輕鬆幸運。這些人可以節省時間很快找到工作，在新的崗位上發揮自己的能力，不斷地依靠人際關係得到情報，才能不斷邁上更高的臺階，追求更卓越的人生。

　　戴爾·卡耐基說過一句名言：「在影響一個人成功的諸多因素中，人

際關係的重要性要遠遠超過他的專業知識。」很多時候，人際關係良好帶給自己的是更多的機遇。前提是有這個機遇，然後才能抓住不斷前進。否則一切免談。

常言說，「大樹底下好乘涼」。事實上，「關係」對任何人做任何事都是至關重要的。在職場中，想要有加薪和晉升的可能，就不能忽視自己的人際關係，影響輕者薪水高低有別，重者來說就是生存的生命線。

有的人平時不注重為自己建立有效的關係網，遇到事情了想起來有人幫才有用，不過卻想不起來一個能夠幫助自己的人。此時哭天搶地、想的焦頭爛額也沒用。有的人則不善於和他人搞好關係，要嘛傲視一切，要嘛得罪所有人，不僅沒有人會借給自己關係用，還有可能因此得罪身邊需要這些關係的人。

凡是這樣的人，大多事業坎坷，遭遇頗多。而有良好人際關係做依仗的人，通過努力加薪、升職兩不誤，而且還老是被看好。但是，人際關係不等於走後門，也不是什麼見不得人的勾當。人際關係是伯樂之於千里馬，是志同道者惺惺相惜，是彼此的分享和進步，是一般人成功的秘訣。

在追求更高、更快、更好的職場之路中，搞好人際關係要有一套個人的方法：

（1）朋友多了路好走

俗話說：「在家靠父母，出門靠朋友。」在現代生存空間中，一個人可以沒有金錢，可以沒有學歷，可以沒有兄弟姐妹，但不可以沒有朋友，沒有加薪的籌碼——良好的人際關係。

「人有旦夕禍福，月有陰晴圓缺。」人的一生，免不了受到生病、挫折、失戀、失業的困擾；免不了受到災難、機遇、理想、困難的挑戰。能幫

我們渡過難關的多半是朋友的鼓勵與支持，是良好人際關係中人的照應和提攜。所以，要善於與人合作，即使有衝突矛盾，也沒有必要非得弄得你死我活，兩敗俱傷。

「朋友多，路子廣」，很多人把廣交朋友視為成功的中流砥柱。結交新朋友，不忘舊朋友，是智者的成功之道。善於拓展「關係」的人，是標準的社交高手，不管在哪裡，總是會掌握時機，增廣見聞，結交朋友，用自己的行動不斷收穫人際關係。只有這樣，才會在不同的時刻，有不同的人和關係可以幫助到自己，為自己所用。

（2）人脈關係不能盲目

人際關係的存在是彼此雙方追求雙贏的結果。只有建立好自己的人脈關係，取得一個雙贏的競爭策略，這樣才能讓合作雙方都得到益處。關係多在不可預料的將來對自己有幫助的可能性越大。雖然寧缺毋濫不好，但是也不是越多越好用。尤其是在建立人際關係的過程中不能盲目行動，依靠運氣和偶然因素來決定自己的人際關係網路組成。

雖然說什麼樣的人會在將來對我們有益、有多少益處都不可知，但是盲目行動也不可取。可以不放過偶然機會下遇到的貴人，與他們建立良好建立，但是，無論何時都應該對自己的人際關係需求有具體的規劃，確立一個總體方向，然後在這個方向上尋找可靠的目標，一步步的累積人氣。

建立人際關係的方式因人而異，多種多樣，千變萬化。有些人時間、精力、金錢投入不菲，結果發現收效甚微。有些人不慌不忙，自然而然地就可以信手拈來重量級的關係。其根本區別就是後者懂得根據自己的需求，建立自己的既定目標，有辨別是非的眼力，取捨得當的魄力。

建立人際關係猶如一門融合了技術和技巧的高深學問，只有仔細觀

察，並多學習，不斷的學習、鍛鍊自己，自己的人際關係網才可以日臻完善。伴隨而生的就是薪水漸長，職位高升，事業風生水起。

（3）要善於對自己的人際關係進行打理

社會和個人不斷在進步，個人的事業也在進步，那麼人際關係也要因時俱進，向前發展。優勝劣汰，是不變的道理，人際關係也不例外。

不同的關係對自己的重要性和意義不一樣，同一個人際關係在不同的時候也不一樣。你或者他都在各方面發生著變化，如果不清楚對方的狀況，認識不清自己的需求，那麼就不能採取適當的方法來維護相應的人際關係，很可能不重要的花費過多精力對待，重要的反而慢待了，這樣就不能充分發揮關係的良益之處，造成浪費。

所以，及時有效地梳理和認真仔細地打理是必要的。有的人認識很多人，整天忙忙碌碌為應付自己找來的關係而叫苦連天，分不清輕重緩急害苦了自己。畢竟人的精力有限，不僅建立關係不能盲目，建立完了也不是萬事大吉了。

打出人際關係就像出牌時的牌面，出的又准又好才會有用。什麼時候小打小用，什麼時候作為王牌用，都是實現規劃好才能應付自如。凡事有了合理有序的規劃，行動起來才會有條不紊、井然有序。

【讀心術】

　　沒有不付出就順手拈來的暢意，但可以有精心準備後信手拈來的愜意。人際關係不僅要花工夫才能取得，還需要用心的維護，認真的打理。職場中沒有不勞而獲，也沒有脫離關係能走向成功的可能。不僅要有人際關係，而且還要保持它一直處於良性狀態，才是加薪、成事的籌碼。

# *8*·好績效也自己要多宣傳

老闆很多時候都是從大局角度出發，衡量總體利益，很難對每位員工做到面面俱到。而對於職場中的個人來講，業績就是自己獲得應有報酬的有力武器。如果自己都不懂得為自己撐腰，該拿出來的時候拿出來，那麼就很容易得不到應有的回報。業績，也需要合適的宣傳。

陳曉進入公司後勤勤懇懇地幹活，對待工作一絲不苟。她認為，只有做好了自己的工作，才能得到自己想要的。所以，她平時嚴格要求自己，不和同事談天說地，也不在上司面前過多的提及自己的工作成績。上司看到她努力工作時，偶爾也會對她說：「不錯，好好幹」。她覺得自己的努力上司都看在了眼裡也記在了心裡。

但是過了一段時間後，她發現根本不是這樣。自己的薪水並沒有因為自己的成果的展現有所增加，自己的處境也沒有因為上司的鼓勵而改變。而她付出的卻是比別人多幾倍的努力做好自己的工作。她開始意識到自己是不是進入了一種職場迷思。

這時，以為精通職場的朋友點醒了她。這位朋友說：「你的業績你很清楚，但是別人不一定清除。只有展現出來、公之於眾的東西才是最實在的。否則，只有自己知道而上司不知道，那麼你就永遠沒有得到上司的青睞和重視，加薪和升職的機會更是夢一場。自己的業績還是要自己進行巧妙的宣傳。」

自己的業績自己宣傳。的確，自己都不對自己進行有效地認可和宣傳

的人，就很難得到別人的認同。人人都在為自己的利益奮鬥，不可能每天追著你的業績進行打聽，幫你免費宣傳。搞不好你們的利益相衝突，對方還巴不得所有人都不知道。

大部分公司每年都會進行1到2次（或4次)的業績考核，業績考核結果會影響到你的獎金、晉升等，但是很多員工發現業績考核結果跟自己想像的完全不一樣，這是為什麼呢？

究根揭底，是因為業績考核中個人主觀性的判斷發揮不到位，進而影響到了上司和老闆對自己的業績判斷的不全面。如果你做的工作是拿資料說話的，像銷售等，可能還好一點，但是我們很多人做的工作可能沒有具體的資料來支援，這種時候你平時也要對自己的業績進行宣傳了。

很多人平時都不怎麼與上司溝通，但是一到年底對考核結果不滿，就找上司透漏不滿情緒。其實，這種做法無法從根本上改變什麼，重要的是我們的主觀能動性的發揮，為自己的業績進行公關：

（1）與上司進行定期溝通

跟自己的頂頭上司定期溝通很重要，因為通過這種溝通你可以讓上司知道你正在做的工作，同時你也可以瞭解上司到底想什麼，對你期待什麼。按自己的標準來做事在公司裡是站不住腳的，如果想要使自己得到認可，獲得好的績效評價，就必須要滿足上司的期待和標準。

（2)對自己的業績進行宣傳

不要覺得上司對自己的業績瞭若指掌，因為上司不是神，也不是超人。不管你多麼努力工作，如果上司不知道的話就沒用，所以必要的時候一定要把一些工作進展的情況適時的彙報給上司，或者是採取定期把自己正在做的工作列個目錄，詳細進行情況描述發給上司，這是上司在進行績

效考核最有力的參考依據。

（3）上司的肯定並不代表你得到了回報

可能一時上司看到了你的努力，並給予了肯定。但是，這並不代表你在最後一定能夠得到與業績相等的回報。因為太多的外界因素決定了最後事情的走向。而你必須排除這些可能對你不利的因素，將未知的事情向有利於自己的方向推動。所以，不要天真地將上司的肯定想當然的以為自己的業績得到了最終的肯定，也一定會得到回報。這兩者沒有必然的聯繫和因果關係，更不會是一種承諾。

（4）自己的業績自己做主

職場中最讓人無法忍受的就是自己的功勞被別人搶去。這不僅是喧賓奪主，更是欺人太甚。如此情況下，若是一而再、再而三地忍讓、後退，認為上司一定會為自己做主，或是不能夠得罪人的想法，通通都是有害無益的，只會讓他人得寸進尺。

要得到別人的承認，首先學會推銷自己、表現自己。不然，決定自己一生或一個階段升遷的機遇，常常會叩門而過。機遇面前，不必太矜持，要勇敢地顯示自己、推銷自己、宣傳自己，這樣才有可能被人理解和接受。

只有自己尊重並重視自己的勞動成果，別人才會同樣地尊重你的業績。如果連自己對自己的業績都沒有勇氣申明主權，那麼他人就會為了個人利益肆意踐踏你的成果，甚至奪取你的業績充當自己的。所以，最有力的避免此種情況發生的手段就是宣佈主權，自己的業績自己做主，斷絕任何可能的不利因素。

【讀心術】

　　在當今這個社會中，只有會推銷自己，知道自身優勢，讓他人欣賞你的實力和價值，我們才有頭角崢嶸的空間。尤其是對業績的宣傳。這裡不是有成績後的驕傲自滿，也不是搶功勞，而是對自己業績和成果的正視之舉，而且希望得到應有的肯定和鼓勵，也是合情合理的。

# 第三章　升遷的邏輯

## ——做一隻埋頭苦幹的「老狐狸」

你的公司任何時候都有升遷的機會，關鍵是你有沒有發現機會的頭腦和智慧。相對於公司提供的升遷機會，渴望晉升的人總是太多。員工對向上攀升渴望至極，老闆也在考慮究竟要提拔誰。此時，作為下屬的你，是否具備晉升的特質，在激烈的辦公室競爭中一舉勝出，還要看你掌握的升遷的邏輯是否到位。

靠埋頭苦幹升遷已經脫離了辦公室新時代的軌道，而今需要的是一種不同於以往時代的升遷邏輯——做一隻埋頭苦幹的老狐狸。權力得自己去爭取，爭取的資本就是能力，因為能力的大小直接與能否升遷掛鉤。當用苦幹提升和展現能力的時候，還必須瞭解辦公室的權力結構，看清自己的形勢，切忌埋起頭來苦幹。做到機智靈活的應對辦公室中的人和事，懂得如何趨利弊害，善於利用一切可用資源，把握晉升的機會和規律，不斷地為自己的事業成功創造條件。

# *1*·升遷不是公平競爭，是權衡的結果

　　老闆需要得力的助手來做自己的下屬，為自己的公司效勞出力。所以，精明的老闆都會從出色的下屬當中權衡出對自己和公司最有利的下屬，選擇他們來幫助自己管理自己的團隊。即使有時候看起來都很出色的下屬，但是在選擇升遷的對象時，老闆一定會拿出他們的睿智，對下屬進行一番整體的權衡，然後才最終決定升遷的人選。

　　而聰明的下屬就必須抓住老闆在權衡下屬時所依據的標準，並使自己朝這個方向越來越靠近。只有最合適的人才能經得住權衡得到升遷。

　　我和王君是同一年進裝飾公司的，可是第二年她就升遷成了我的上司。說實話，王君沒有我勤奮，學歷也比我低。提起來，我總有點忿忿不平，覺得公平競爭的情況下她根本不是我的對手，但是最後我硬是輸給了她。我暗中觀察她的一舉一動，觀察了許久也沒發現有什麼特別的。年終考核，她的業績又排在許多人前面，而我的業績卻一直原地踏步。

　　不過有一點不同的是，王君的電話非常多。一個上午她都在接電話。而我恰恰相反，給客戶打了無數個電話，成功的卻沒幾個。不光如此，有的客戶點名要跟王君合作。她的業績就這麼一直遙遙領先。

　　後來，王君坐到了副經理的位置，這更讓我醋意大發。偶然間，我又一次和王君做同一項目的機會，也正是此次經歷改變了我對升遷的看法。接的這單生意是一家酒廠。洽談會上，我給王君打下手。酒廠的老闆很摳門，要求很苛刻，把價錢壓得非常低，我們幾乎無利可圖。一般情況下，我

會跟他討價還價，如果利潤太少，我是不會答應的，因為成本太高，我要花費大量的時間和精力。這樣可能錯過其他更好的生意。可是出乎意料的是，王君毫不猶豫地答應了。

我不解，問她。她卻笑而不答，只是對我說：「明天開工，你來負責。」王君是領導，我只能照辦。我足足花費了一個星期的時間為酒廠裝飾會客廳。期間酒廠老總還讓我返工了兩次，直到他滿意為止。最後算算成本，我們虧了。

酒廠老總結算費用那天，我悶悶不樂，心想公司老總知道賠錢了肯定會把我罵得狗血淋頭。王君卻很高興，說請我吃燒烤。就在我的心中還在忐忑不安的時候，酒廠的老總給我打了電話，說讓我再給他們廠裝飾展覽室，這次酒廠的老闆很慷慨，出的價比想像的高很多，幾乎把上次虧了的都補上了。月底發獎金，我的獎金頭一次超過王君。此時，我才明白，有時候升遷是權衡下的結果，只有能顧全大局、為公司贏得更多利益的人，才更有機會升遷。

想要升遷，想要公司和老闆重用你，就如同想要得到更多的薪水一樣，只有有資格、有能力的人才能夠獲得這樣的權力。即使在公平競爭的情況下，人與人之間還是有著一些不可磨滅的差距。如果你想要得到升遷，或是覺得自己應該升職而沒有實現，此時，首先對自己進行清醒的認識和衡量是明智的首選。因為只有綜合素質過硬的人才有更大的機會：

（1）為人

只有正直的人，才能夠嚴於律己，對人忠誠，才能帶出作風優良、素質過硬的團隊。一個人的人品，就是一個人的品德，是行事的準繩。人品好壞，很大程度上決定了一個人在相應的公司、行業所走的路的長短。會

為人的人，能夠禁得住誘惑，挑得起重擔，會善待下屬、管理團隊，是其他方面能夠做好的前提和保障。

（2）處事

在職場當中，與人打交道是在所難免的事情。尤其是作為領導和上司，與各個方面的很多人，老闆、客戶、下屬等等，良好有效的溝通是必須的。沒有好的溝通處事技巧，就不能與上級，公司各部門的同事做好溝通，自己的想法和工作中的成績也難以表達。這樣就很容易影響個人的前途。

所以，良好的溝通能力可以讓工作更輕鬆，也可以更好地把工作成績與想法說給上司聽，這樣上司才會更瞭解你，才會賞識你，在機會來了的時候，你才可以抓住機會的尾巴，平步青雲。不管和哪方打交道，都應該做好居中協調的工作，扮演好不同的角色。這種處事的能力是老闆決定升遷人選時必不可少的考慮因素。

（3）技能

在現在這個職場環境中，沒有技能就根本無法立足。激烈的競爭，近乎殘酷的職場角逐，對於單一的一技之長已經疲乏了。除了紮實的專業能力，還需要優秀的多方面技能為自己的升遷之路保駕護航。

這些技能可能是在學校當中學習到的，也可以是在工作當中不斷累積起來的。無論是哪一種方式，只要做個有心人，有意識地去鍛鍊自己各方面的技能，虛心請教，不僅能夠成為一個擁有多種技能的人才，還能脫穎而出，幫助自己獲得升遷的機會。

（4）影響力

影響力包括現在的和潛在的。作為職場人，想要勝任一個領導的職

務，就必須做好這其中的協調者，對上有一定的服從力，對下有一定的領導能力和凝聚能力，對外還要有一定的粘合和形象力。現在的影響力是老闆選擇你的有力憑證，而潛在的影響力則是你不負重望、值得獲得升職加薪的進一步證明。老闆必須要看到你的未來潛在的影響力，才能知道他的選擇不會錯。所以，身為職場人的我們，必須兼顧現在和未來，時刻做好準備迎接更大的挑戰、做出更出色的成績。

不管是出於什麼樣的階段，做到了這幾點的人，具有了良好的成績的時候，當然可以要求升職，相信老闆也一定看到了你的能力。而沒有做到的人，就要在工作當中不斷地去充實自己了，必須明白，升遷並不是靠一味的公平競爭就能夠獲勝的，而是在此基礎上更加出色的綜合能力的結果。努力的學習，努力的做到，就等於抓住了升遷的邏輯，成功也就在不遠處。

👍【讀心術】

老闆肯定會從大局角度出發，衡量下屬能否勝任更高的領導職位。那麼，老闆選擇的下屬肯定也要會顧全大局，各個方面都能夠出色的發揮體現。試想，老闆提升下屬，其實就是為了讓他們幫助自己管理公司，創造更加好的效益。如果下屬不能夠站在老闆的立場上想事情、為公司，那麼，老闆是絕對不放心把自己的團隊交給他的，他也不會有升職的機會。

# 2·加薪必須要求，晉升則要管好自己的嘴巴

　　隨著個人價值的體現，付出就要和回報相當。如果薪水不能體現自己的價值，那麼你完全有必要提醒老闆一下，這是對自己能力的認可和尊重。但是，晉升則不然，它不是要求就能得來的，而是上司通過仔細考量個人的綜合能力，並經過認真考慮之後賦予的權力。如果直接要求晉升，很容易與潛在的機會失之交臂。因此，明智的做法是管好自己的嘴巴，通過施展才能彰顯自己的優勢。

　　白白是一家時尚雜誌的編輯，同時也負責專案的策劃。從一開始她就知道自己要的是什麼。因為在時尚這個圈裡，要嘛默默無聞的付出只讓自己站的住腳，要嘛幹出響噹噹的業績讓自己不僅站得穩，還可以站得高。所以，白白通過自己的親身經歷和感悟告訴自己不僅要有專業的知識和品位，還要有敏銳的嗅覺和識相的本領。

　　正因為一開始就為自己找到了定位，所以白白並沒有這個圈裡很多人所經歷的痛苦蟄伏期。她憑藉坦率的個性，犀利的作風讓主編對自己另眼相看，很快在兩個大的策劃上展露鋒芒，為雜誌社立下不少功勞，主編還主動為她加了薪。當白白對這個行業已經熟門熟路的時候，她再一次發揮自己的敏銳洞察力，告訴自己現在的職位已經無法充分施展自己的才能。所以，她向主編表達了想到更高的職位上發揮自己能力的想法。而且對著同事，她又一次很「直率乾脆」的講出了自己的晉升想法和要求，而且言語間盡是理所當然。

　　就在白白向主編表達自己希望得到晉升的想法不久，不想卻「意外的」得罪了她的另一位上司——雜誌社的副編輯。因為理念和想法上的不同，有時候副編不是很認同白白的策劃和宣傳，但是白白卻覺得副編不僅思想落伍，而且還嫉妒自己的才能和快速崛起。所以，即使當著主編和副編的面白白也是言辭犀利到位，直接剖析出了自己和他人的內心，讓副編無言以對。這樣一來，白白和副編之間的關係就有點僵了，需要兩人合作的時候也常常是困難重重。無奈之下，主編讓白白暫時放下手中的策劃，反而去跟進一些非重量級的項目。

　　無意中白白聽說了主編和副主編之間的關係，兩人不僅合作多年，而且還是很要好的朋友，主編好多地方還要依靠副編的關係和人脈。這下白白知道自己被貶的關節所在了。經過思索，她意識到自己的魯莽行事觸及到了他人的利益，這是自己犯的一個很致命的錯誤。雖然後悔不已，但是已成定局，所以白白也就欣然接受。但是，為了不再重複上次的錯誤，白白決定通過提升自己來實現晉升，而在這之前一定要管好自己的嘴巴。

　　雖然新的專案不是重量級的，但是白白還是提前的交出了很漂亮的策劃方案。主編表示肯定和誇獎的時候，正好副編也在，所以白白很自然的感謝主編的栽培，同時希望副編以後多多指教。這樣不經意的改變策略實行側面進攻，成效不久就出現。白白得以再次與副編合作，而得到副編的支持，也就意味著在外面會有更多的人相信自己的能力，願意與自己合作。此時，白白才發現，管好自己的嘴巴，晉升不僅會不請自來，還會讓自己在事業上得益良多，可以站得更高更穩。

　　一前一後兩種做法的對比，充分體現了白白及時醒悟的幸運。白白通過管好了自己的嘴巴，沒有意氣用事，最後通過避開正面衝突，來提升

自己的勢能，從而自然而然的戰勝表面強於自己的權力，贏得百分百的成功。

加薪直言不諱可以體現你對待工作的真誠態度和重視程度，說明你能夠正視自己的工作和價值。但是晉升則不一樣，晉升需要的不單單是工作能力方面的突出，需要的還有服從老闆、團結下屬，聽從安排、善於管理等等各方面的綜合能力。

如果在老闆還沒有考慮成熟的時候，你就向老闆提出升值，很容易讓老闆誤解你的意思，認為你是一個急功近利，沒有耐心，或者不夠沉著穩重的人，這樣的印象留在老闆的腦中，對於你來說絕對不是一件好事。當他再次考慮升職人選時，對你的這些印象會先入為主的跳出來，阻擋老闆對你進行正確全面的衡量，從而使你被踢除出晉升人選。

況且，當你提出晉升的時候，你要知道你還有很多同事的對手。如果他們得知你這樣提出，利益之爭在所難免的情況下，他們很有可能在背地裡使出暗著，落井下石更有可能，這時候，晉升的希望幾乎是微乎其微。

所以相比較加薪，晉升千萬不能要求，一旦你申請或要求晉升，機會就會容易溜掉。但是，管好自己的嘴巴不主動直接的要求，並不是要我們坐以待斃，讓對手充分的去活動。我們當然有我們要做到、要努力的工作和方向。我們必須穩打穩紮的來，一步步做到手握勝券。

（1）端正心態

試想，上司還沒有確信你能不能成為管理人員之前你先要求，這就像是你不從大門進，而是要跳過牆進到內部。因為如果上司還沒有確信你是一個當領導的料，但你先提出來，他會覺得你還沒有成熟或認為你比起公司的利益更在意自己的私利。

　　領導們在決定晉升人選時除了業績、工作能力之外，還會考察很多其他能力，比如領導能力，組織能力，對公司的忠誠度等，而且作為管理人員應該要沉得住氣、該謙虛的時候需要謙虛，你事先提出來會破壞你的形象的。

　　難道要坐等嗎？當然不是，你可以主動負責一些重要的專案、要提出幫助其他部門面臨的棘手的專案等，一定要抓住機會讓上司看到你的能力，看到你的熱情。

　　（2）做好本職工作

　　做好本職工作是一個永恆的主題，無論你是領袖還是百姓，無論你是教授還是農民，無論你是主管還是普通員工。只有做好自己的本職工作你才算得上稱職，這是身在其位的天職，是不可推卸的責任。

　　只有做好自己的本職工作，人的使命感和成就感才會得到滿足，才有更多的精力和心思去思考更多、更遠的事情，才有能力規劃、掌控更高一級的任務。如此，才有成功晉升的機會，有成為領導的可能。

　　（3）善待對手

　　修身是上領導臺階必不可少的過程。其中很有價值的一點就是善待你的對手，讓老闆看到你的大度，以此證明你有做領導的氣魄。現實生活中有許多事情，是不能用直接溝通的話語來解決的。這時，為了不使你的人際關係再度惡化，你所做的最低限度的努力，對自己及對周圍的人都是必要的。

　　面對對手，無論他以什麼樣的態度對待我們，我們都要學會用善意的態度來迎接他。跟對方打招呼，即使對方仍然轉過頭去，你也不要急，終究還是會出現曙光的。這需要一步步的來，比如在會議等場合，如果與

你對立的同事提了一個很不錯的提議，這時你要趁機毫不猶豫地表達贊同之意。而且，如果能將你同意的原因也清楚地講出來，這樣一來才不會被人認為是在迎合他。再比如，當著別人的面真心的說他的好話，他忙的時候，伸手幫他一把等等，都能幫助改善彼此間的關係。

久而久之，他都會被你的善意所折服，與你之間建立良好的交際關係。即使沒有多大改善，兩人之間也不會達到劍拔弩張的地步。這時候，你的善意還能很好地隱藏自己，不易被其看穿，從而在心理上佔據主動性。所有的一切都會被你的領導看在眼裡，你的氣魄的確是做領導的料。

（4）團結同事和下屬

這是豎立威信的必經階段。你對待對手的善意其他同事絕對看在眼裡，只要是充滿真心的，他們也一定能夠感覺的到。他們當然明白，對待對手都能夠如此善意的領導，對待下屬也不會差。所以，你已經先入為主的被他們認為是領導加以擁護了。

而你所需要加強的就是團結他們，讓他們也感受到你的真心和實意，你作為同事的優點和大度。讓他們更加地接受你，認同你。只要你能夠通過步步為營，耐心等待時機，就一定可以實現晉升。

【讀心術】

　　老闆絕對不喜歡在他做決定之前下屬就明爭暗鬥，或是爭權奪利。他希望下屬賣力工作，但是又能夠聽他的安排，尤其是在他再做決定卻還沒做好決定的時候，你稍微的出格都會被他往偏的方面想，從而否決你晉升的資格。這是我們一定要警惕出現的狀況，無論多麼的渴望，都要耐得住暫時的沉寂，管好自己的嘴巴，才能贏得最終的勝利。

# *3*·想要晉升，必須保持持續工作的熱情

對待工作，不同的人會有不同的心境和態度。對於具有持續工作熱情的人來說，工作不僅僅是一種義務，更是生活中的一部分，甚至是不可或缺的重要部分。好的工作態度絕不是義務，認真和熱情帶來的不僅是成就感和滿足感，還能使通向晉升的道路變得平坦。現實中，有些人容易得到提升，而對於另一些人來說，提升卻可望而不可及。其中至關重要的一點就是前者在工作中保持了持續的熱情。

幾年前，大學剛畢業的郝妮做出了一個讓所有人都大吃一驚的決定。在接到幾家用人單位的面試通知之後，郝妮到幾家單位去看了看，回來後，這個學物流專業的女孩子居然選了一個待遇很低的文字錄入的工作。這是一家食品公司，薪水很低，專業也不對口。好朋友知道郝妮的決定之後，摸著她的腦袋，瞪大眼睛問她：「你腦袋也不熱啊！怎麼做了這麼一個不明智的決定？」

郝妮笑著告訴對方，自己看了幾家公司之後，發現其他職位的競爭都非常激烈，即使能進入公司，也很容易被淘汰出來。而文字錄入的工作雖然報酬差些，可是自己常年上網聊天練出來的飛快的打字速度卻比競爭者們有著明顯的優勢，很容易站穩腳跟。而且，在其他單位實習的時間很長，不像文字錄入這個崗位，很快就能轉正，可以拿到正式薪水，雖然報酬不高，可也為以後的職場之路打下基礎。正因為這個崗位被辭掉的風險最低，郝妮才捨棄了其他機會。朋友眼看無法說服郝妮，嘆息著離開了，

繼續投入求職的大隊之中。

郝妮很快就適應了自己的工作。當同學們還在天南海北地找工作的時候，郝妮已經轉正拿到了正式薪水。就這樣，郝妮在這家食品公司裡兢兢業業地做著自己的工作。隨著時間的流逝，郝妮漸漸融入同事們的圈子之中。以前的同學有不少工作還沒有著落，大家聚在一起唉聲嘆氣的時候，郝妮則忙得不亦樂乎。轉眼之間，郝妮已經工作了大半年。這時候，公司業務發展越來越大，各個崗位都急需一大批有經驗的人員，尤其是急需向各個客戶的配送人員。這時候，郝妮主動向上司提出來，表示自己願意跟車配送。

上司看了看郝妮纖瘦的身材，好心提醒她配送工作是個苦差事。郝妮告訴上司，通過和同事們平時的接觸，她對配貨的技巧比較熟悉。公司新招聘的文字錄入人員打字速度越來越快，與其在這個競爭越來越激烈的崗位上競爭，還不如去做一個公司急需而自己又能勝任的工作。做配送工作雖然辛苦，但是自己熟悉業務，被淘汰的風險很低，自己完全能夠勝任。上司看了看郝妮堅定的神情，微笑著點了點頭。

第二天，郝妮就跟著配貨的同事們開著車把貨品運到各個商店、KTV和其他場所。一個月下來，雖然累得渾身都快散了架，可郝妮卻和客戶們建立了深厚的感情。大夥兒都特別喜歡這個為人和氣又特別愛笑的女孩，所以郝妮配貨的商家對公司很少有投訴和不滿意的情況。就這樣，郝妮每天跟著車四處奔波，公司上下對這個肯吃苦的小女孩都刮目相看。

秋去冬來，眼看一年的工作就要結束了。春節前夕，當老闆走進辦公室的時候，忽然發現一張桌子上的賀卡比自己收到的還多。老闆好奇地問身邊的人，這是誰的辦公桌？屬下告訴他這桌子是一個叫郝妮的小女孩

的，賀卡都是她的客戶送給她的。老闆意味深長地看了看郝妮的桌子，默默地離開了。幾天之後，老闆找到了郝妮，告訴她自己查看了她負責配送的區域，發現在她配送的區域裡，公司的銷售量上升得最快，所以想提拔她做銷售部的主管。

老闆沒想到，沉默了一會兒的郝妮推掉了做銷售主管的任命，而是希望能調到倉儲運輸部。郝妮告訴老闆，自己並沒有特別的銷售能力，學物流專業出身的她更能勝任做現在這個工作，幫助公司管理一下倉庫，並且善於根據各個商家的需要隨時調整配貨的種類和數量。在這個能發揮自己專業優勢的崗位上，風險最低，也最能做出成績來。

在得到老闆同意之後，郝妮很快就成了倉儲運輸部門的負責人。到了新的崗位之後，郝妮充分發揮自己的專業優勢。她詳細搜集了商家們的資料，根據最新的資料制訂了一個全新、完善的供貨計畫。這個計畫詳細地掌握了客戶的需要，為每個商家都制訂了一個合理的供貨方案，從而大大提高了公司的工作效率。

不久之後，郝妮因為對公司作出的特殊貢獻，被老闆提拔成了副總經理。當不少同學剛剛在職場站住腳跟的時候，郝妮已經成了職業圈裡的佼佼者。當她面對剛剛踏入職場新人的時候，總是告訴他們：「選擇風險最低的工作，就能提高成功的勝算！」

晉升是管理層對自己的下屬的工作價值的正式肯定，而升職的決定不僅來自你的頂頭上司，還可能來自同事、下級，甚至你的客戶的意見的影響。老闆除了自己的觀察，還會從他們身上收集相關的資訊，從而對你進行綜合、全面的評價。

熱情是成就人生的基石，是工作的靈魂，是企業的活力源泉。是一種

精神氣質，一種使命和召喚，是成功者必備的素質。只有無論什麼時候都在有關人員面前表現出最佳狀態，充滿熱情的投入工作當中，才能夠讓老闆看到自己積極向上的一面，從而在認可並欣賞你的才華之外，更加堅定對自己的青睞。

不過，很多時候人們對於自己的工作和狀態，總會有較多的讓自己產生懈怠的理由。工作不是自己理想當中的，薪酬和自己的付出、水準不相稱等等。隨之，越來越多的不滿和牢騷淹沒了當初的志向和雄心壯志，工作也就越發顯得沒有足以吸引自己的地方。久而久之，就會對工作漸漸地失去熱情，沒有熱情，工作就沒有動力，不思進取，如此惡性循環，人生的價值蕩然無存。

其實，所有的外在環境和因素都是隨著人的能動性而隨之發生變化的。只有我們保持高漲的熱情，我們的工作才會更有成效，相應的薪水會越來越高，晉升也就更加的有保證。如果只是一味的等待，不從自身找到前進的動力，那麼恐怕只會止步不前。

工作是一個施展自己才能的舞臺，我們寒窗苦讀來的知識，我們的應變力、決斷力、適應力以及協調能力都將在這個舞臺上得到展示。除了工作，沒有哪項活動能提供如此高度的充實自我，表達自我。工作是一個創造的過程，一個創造自身價值的過程，用愛去創造，用心去感受，在創造中尋找樂趣和意義才是工作的最高境界。

只有意識到我們在為自己工作，那麼，我們每天才會盡心盡力的工作，每一件小事，都要力爭高效地完成，嘗試著超越自己，努力做一些份外的事情，不是為了領導的笑臉，而是為了自身的不斷進步，即使機遇沒有光臨於你，你的能力已經得到了拓展和加強。

　　只是單一的強調有熱情，不一定能幹好工作，因為幹好一項工作，還要有相應的工作能力。工作能力，不僅有助於做出卓越的工作成績，還是一個人的信心的支撐，是保持對工作熱情高漲的底氣。因此，提高自己的工作能力，努力學習，勇於實踐創新，保證長久的熱情。

　　努力學習才能提升自我。不斷吸取理論知識，是充實自我的一大步驟。三人行必有我師，善於向身邊的人請教，不斷豐富自己的頭腦，把工作中的點點滴滴當成自己事業中的一部分，日積月累，學到了一些技巧，人生的哲理，對自己也是一種鍛鍊。

　　勇於實踐，只有實踐才能考驗出自己的真實水準。書本裡的知識永遠趕不上實踐的步伐，必須在工作以後認真努力的學習，不斷的彌補不足。工作時多留心，仔細深入的學習與實踐，再根據所學的知識合理安排，並在實踐中不斷的進行調整。

　　只有不斷的充實自我，才容易在工作中保持高漲的熱情。即使是一項單調的工作，但只要細細體會，你就會發現單調中也充滿著熱情與挑戰，只要腳踏實地，一步一步向前走，不管什麼樣的崗位，都有著美好的前程。

【讀心術】

　　有了熱情，有樂觀自信的態度對待工作，工作當中才會有責任感，行動上也會積極進取，盡職盡責。這是企業非常希望看到自己的員工所具備的素質。

　　一般來說，公司都有某種晉升的考核標準，保持持續的熱情，為你的老闆多做一些工作，向他提供解決問題的辦法而不僅僅是問題，證明你具有積極主動的工作態度；在某些專業領域你能人所不能，能使你成為公司某一領域的「領頭羊」，證明你的經驗或能力。這些都將能幫助我們有更好的晉升前景。

# *4*·做一隻埋頭苦幹的老狐狸

對於自己的工作，埋頭苦幹是必須的，但是不能一味地埋頭反而將自己的才能和功績給埋沒了。如果你對自己都不夠關心和重視，那麼別人也不會對你加以正視。所以，對於任何一個職場中人來講，想要晉升的話，重要的是埋頭苦幹的同時也要多用腦，也能夠抬頭多看看自己的周圍和前方，多為自己盤算，做只埋頭苦幹的老狐狸。

小林與小美畢業於同一所大學，同時進入一家公司做企劃工作。小林做事務實勤懇，嚴謹不張揚；而小美出了做好自己事情，還很開朗，每天都找主管聊天。

一年後，小美獲得主管賞識得以升遷。這讓小林感到非常的不公平，認為小美只會逢迎拍主管馬屁，卻受到公司和主管的重用。自己為公司付出許多，反而落得一場空，於是遞了辭呈。

接到辭呈的總經理找小林懇談。剛好中秋節快到了，公司正在考慮該買什麼中秋禮物送給客戶？總經理請小林到市場上考察一下，看看有沒有賣大閘蟹的？小林很快跑回來彙報，說市場上有賣大閘蟹的。總經理接著問大閘蟹怎麼賣？論斤還是算隻？小林一臉茫然，只好又跑了一趟水產市場。回來報告說按隻賣，每隻70元。

總經理聽後，當著小林的面，把小美找來，吩咐她去市場看看有沒有大閘蟹賣，小美馬上問總經理：「請問有什麼用途嗎？」總經理回答她：「中秋節快到了，打算送客戶大閘蟹作為中秋賀禮。」

　　小美考察完畢，手裡拎著兩隻大閘蟹向總經理報告：「在水產市場上，我找到兩家比較好的賣大閘蟹的攤位。第一家的大閘蟹，每隻平均四兩重，批發價每隻賣70元；第二家的大閘蟹，每隻平均六兩重，批發價每隻賣90元。如果總經理自家食用可以買四兩重的，肚白、背綠、金毛，看起來很新鮮。如果總經理要送人，我建議買六兩重的，看起來比較有分量。我各買了一隻帶回來給總經理參考。」聽完小美的報告之後，小林不禁自慚形穢。相信很多上班族都在苦思該怎麼當一個好下屬，如果你想出的答案是「埋頭苦幹」，那你就落伍了。現代職場要求下屬「抬」頭苦幹。

　　由此我們發現，現代職場埋頭苦幹並不一定就是好員工，假如你一直埋頭苦幹，就很容易看不到別人的成就，忽略上司的要求。因此，遇到類似情況時，一定要重新審視一下自己，做一個能力強、溝通能力也要強的員工。「抬」頭苦幹，才能既給領導留下好印象，得到器重。

　　蜜蜂勤勤懇懇，只知道不停地埋頭苦幹，最後的勞動果實卻大部分都被人類佔有。雖然這對於人類來說是好事，但是站在蜜蜂的角度想想，卻不得不說是吃了大虧。他們每天都要忙忙碌碌，努力努力，結果不但沒有為自己累積到更多，反而還要更加的賣力。

　　站在人類的角度想，就是事半功倍了。這才是我們在職場中可取並要發揮的優點。養蜂人也要忙碌，但絕不是盲目的只知道埋頭苦幹。他們有明確的目標和方向，通過不斷的累積蜂蜜，當達到一定程度的時候，他們懂得提升蜂蜜的價值，擴展自己的品牌，進而在同樣的努力下獲得更多的收益。

　　因此，與其默默無聞地埋頭苦幹，不如多動些腦子。這時，就要不僅表現出自己的長處，還要把握好分寸，最好是做一隻埋頭苦幹的老狐狸，

出力又討好。因此，我們應做好以下幾點：

（1）勤快絕沒有錯

勤快的你絕對可以給上司留下幹練的印象。每天都早到；對公司的上司和年長的同事，見面時都熱情地打招呼；對領導佈置的任務能夠保質保量的高效完成，說不定還有空餘時間幫助其他人……所有的這些都能夠讓領導對你側目，青睞有加。

如果你工作效率低，做事拖拉，上司交給的工作不能及時完成，在上司面前擺架子。初來乍到往往不屑於做那種掃地打水之類的小事，而大事又做不了。那麼，你需要改變自己了。改變自己處世態度和辦事效率，才更容易在上司面前表現自己。

（2）該出手時就出手

俗話說「不怕不識貨，就怕貨比貨」，一個人在公眾場合下表露自己的水準和能力，就是為了創造一個可比較的局面。上司要提拔某個下屬，但怕眾人不服，只有拿他的能力和業績與其他的人相「比」，讓事實說服眾人，上司才能免遭偏袒之嫌。因此，一個聰明的下屬應能體會到上司的這種難言之隱，多在公共場合下表現自己，該出手時就出手，多豎立自己的威信，以此換取上司的垂青，上司才好提升你。

（3）學會察言觀色

做事也要學會察言觀色，尤其是領會上司的意圖和潛臺詞。這樣就好比考試有了大綱和範圍一樣，抓住了做事的正確的方向，那麼得到的結果當然比盲目來得好，更加有效。

上司交代你去做一件事，有時不便直截了當地告訴你。有時把話說到七分，剩下的三分就要靠你去揣摩。經常聽到上司說某某「悟性太差，一

件事交代了幾遍也領會不了意圖」，也聽到有的上司說某某「腦瓜靈，一點就透」。這就是是否會察言觀色的區別。

（4）活學活用才是王道

有時候，在職場上，多勞不一定多得，做得多不如做得對。有人埋頭苦幹了很多事，最後卻發現做的都是小事。而有些人看似沒做多少事，但做的卻都是大事，所以效果才會舉足輕重。這裡面的機巧，只知道的人是絕不會發現的。

他們或許和你一樣，上司都會安排工作，但一個職場高手對於自己不想做的事情，卻總有應對措施，你仔細觀察就會發覺，他們並不都是逆來順受，什麼工作安排都接受，就算接受了，也並非都會完成，就算完成了，也不是他們自己做的。這就需要我們活學活用的本領了，在職場中我們要不斷向前輩學習職場的技巧，學會巧幹，省時省力而且效果顯著，方是晉升的王道。

👍【讀心術】

做與做好，做多與做好均只是一字之差，但是結果卻大不相同。前者事倍功半，後者事半功倍。前者輕鬆愜意、一帆風順，後者忙碌勞累、怨聲載道。不要抱怨上天不公，因為問題不在他人身上，真正的癥結其實是自己。踏實肯幹，還要有機敏的心智和應對策略，才能夠被好的上司青睞，實現晉升之路。這是一個時代裡形成的職場規範，只有懂得遵守的人才不會被逐出局。

## 5·讓上司看到你的能幹

　　上司不可能與每一個員工進行適時的溝通以瞭解他們的工作進程和成績，也不可能時刻盯著下屬辨別他們的能幹效率。所以，很多時候不是等待老闆看到你的能幹，而是讓他看到你的能幹。其實這是一個等待與主動爭取的問題，不要指望老闆有時間和每一名員工進行溝通，這是不現實的。老闆不可能對每件事、每個人瞭若指掌，如果你想在公司有所發展，消極等待與默默工作都是不可取的，努力找機會讓老闆明白你的想法，知道你工作的成果，才是積極的做法。最可靠的方式就是做得更好、更有效率。

　　臨近畢業前，政和到一家公司完成歷時三個月的實習。在前兩個月裡，他做的都是些邊邊角角的工作，很辛苦，但是絲毫不懈怠。有一次，主管看到他中午累得趴在桌子上睡著了，突然有點同情這個小孩，但是他的學校實在不怎麼樣，不放心給他太像樣的任務，於是就隨便給了他一個，權當是實習成績。主管說，這項工作一個月內完成就可以。誰也沒想到，三天後，他就完美交差，讓人找不到一點差錯。

　　主管嚇了一跳，馬上又給了他一個新任務，要求一周完成。兩天後，主管就見到了成果。接下來，主管把越來越重要的任務派給他，有幾次是很緊急的工作，他都出色地完成任務。還沒到最後畢業的時間，他就被這家公司簽走了。事情並沒有到此結束。有一次，該公司的上級母公司負責電腦資料處理的員工回家待產，母公司聽說他很有能力，就把他借調上去

幾個月，而他面臨的第一個任務就是個特別龐雜的東西。但是，幸運的是之前他自己出於興趣和職業發展考慮，早就做了一個相關的軟體，於是，對付這個任務就變得非常輕鬆了。當然，他並沒有告訴主管提前準備，而是在眾人訝異的眼神中僅用半個月就交了差，讓母公司的主管讚賞不已。很快，政和就被正式調到了上級母公司工作，可以說是連升幾級。

工作中常常會有這樣的情況，有人做了很多，但是往往升遷的不是他，漲薪的也不是他；而有人雖然做的不是很多，但是每做一件事都搞得有聲有色，引來老闆的讚賞，同事的羨慕，加薪等好事自然是尾隨而至。造成如此迥然不同境遇的關鍵是，前一類人的成績沒有被老闆看在眼裡，記在心裡。

只有讓上司看到自己能幹，自己才會有被嘉獎並得到提升的機會。這個主動權是掌握在自己的手中的。如果自己很能幹，但是做出來的成就沒有被老闆認可，能幹的過程也沒有被老闆看到，那麼這樣的過程和結果都會讓人難以接受。

此時，就是我們需要把握主動性，採取主動出擊的時候了。

（1）確認自己真的是合格的下屬

一個碌碌無為的人是絕對不會入了老闆的法眼的。即使突然被老闆關注，最可能是老闆覺得這個人真的是沒有用處了。所以，不能做個碌碌無為的人，要做就做能幹的人。而衡量的標準就是，明白老闆對你工作的要求，然後力用在刀口上，完成自己分內的工作。

大部分的上司，負起責任既重，數量又多的工作，常常累的喘不過氣來。因此，他很希望自己的部下能分擔一部分工作，並且你的工作也是根據你的能力派定的。如果部下不能按照命令，即不能按照他所期待的結果

去做事，完成他所分配的工作，則必有意外發生。同時他們也會在心裡盤算，當部下完成這項工作後，要再分派些什麼工作。這樣一步一步地計畫下去。

可是，部下一旦不能按照自己的命令去執行工作，而破壞了他好不容易才訂出的計畫。這樣，不僅上司對自己應負的責任無法交代，甚至還要付出更大的代價。結果，由於部下的不認真，使得上司陷入困境。這時，他當然會發怒。

（2）用效率為自己的出色工作加分

首先，你應該以你認真的態度表現給他看，讓上司確認你是個能幹的人。

企業界是個最講求效率的世界。如果你做事慢慢吞吞，經常都無法提高效率，那麼，無論你心地是如何善良，或工作態度如何認真，上司也不會看重傷。如果你對上司委託你辦的事，能夠順利完成，不僅保質保量，而且還效率非凡，那麼當然會引起上司的注意，得到上司的垂青。

（3）盡你所能，主動替上司分擔重擔

身為上司的人，每天都為了工作而忙碌不休，深感責任重大‧所以，當他們發現無法順利進行工作，而又肩膀僵硬、眼睛發花、白髮漸多時，便感到愕然。甚至有人擔心自己會演變成神經症而感到不安。

而且，他們很想擺脫這種環境，經常都在尋找能讓他放心委託工作的部下。如果有誰是只要告訴他要點，就能很順利地去處理工作的下屬，上司派他工作，心裡不知要輕鬆多少。

所以，當部下真正瞭解了上司的這種期望時，能肩起上司所負的重擔。在充分有效率的完成了上司分配給自己的工作後，你再問上司，「還

要我做什麼？」這樣一個接一個地自己找事做，相信上司也會對你投以讚賞的目光。

【讀心術】

能力和效率是我們能夠贏得升遷機會的保證。雖然我們並不需要獻媚上司，但有時候讓上司真的完全看到自己的能幹也不是那麼容易的事情。這時候，更加的賣力，更加能幹，巧用一些暗示和提醒，或是與老闆進行適當的溝通，都能使老闆看到自己的成績，為自己加分喝彩。

# *6*·你的形象價值百萬

保持迷人的形象與風度是一種明智的魅力。在職場當中與形形色色的人打交道，用魅力和禮貌獲取他人的好感和說明更加容易達到目的獲得成功。用良好的形象獲得讚譽和賞識是服人的最佳方式。如果人們發現你有魅力，那麼你是很幸運的，在嫺熟的工作能力基礎上再發揮形象方面的軟實力，會更加有說服力和永久性。無論我們願意與否，我們都在留給別人一個關於我們形象的印象，這個印象尤其是精神面貌方面的印象，在工作中很大程度地影響著我們的升遷。

離開職場4年後的宋梅再度走進職場時，過程並沒有想像中的那麼順暢。幾經周折，她進入一家廣告製作公司做業務。為了彌補四年來對工作的生疏，她埋頭苦幹，想要透過自己的努力重新獲得認可和嘉賞。所以，工作態度和業績對她來說比什麼都重要，她除了關注自己的工作外其他的一概不顧，包括自己的形象。

在努力了大半年後，宋梅的工作日見其效，但是卻並沒有預想中的得到重視。不僅上司沒有像對其他員工那樣給予獎勵和委以重任，連同事都把她當成了隱形人，可有可無，除非有工作上的需要而且不說不可。

宋梅很懊惱，是不是自己做的還不夠多、不夠優秀？為什麼比宋梅晚來的同事都有升遷的，而她卻還沒有得到足夠的認同？

就在宋梅疑惑不解之時，公司一位很開朗的同事指出了原因：她的形象有點糟糕。形象糟糕也就意味著讓人看著不舒服，上司和同事都看不到

積極向上的她，那麼客戶更不希望看到沒有良好形象的合作夥伴，因為這樣缺乏安全感。反觀這位同事，也是沒有了年輕的資本，也無傾城的貌，但是卻總是給人一種樂觀、積極的印象。做起事來輕鬆不拖逗，效率高自然受到歡迎。正是這樣的形象贏來了同事的好感和上司的信任，以及不少的客戶。良好的形象簡直成了這位同事的名片和財富。

宋梅開始審視自己，發現她每天上班的心情都是以「煩」開始的，所以這一天的工作順理成章的讓人很「煩」。心情不好，那麼就沒有心思注意自己的著裝，一直保持單調、灰暗的格調，正如她暗淡的心境。所以，別的同事在看到她的第一眼都不自覺有一種距離感，不容易接近和相處，久而久之，大家都習慣了她的糟糕形象，因為不能賞心悅目，所以即便埋頭苦幹出的成績也不能吸引他們的注意力。而工作稍遜色於她的同事，卻因為良好的形象得到重視和升遷。看來，形象之於一個人，尤其是職場人士，它的價值不容忽視。

一般來說，大家都喜歡和樂觀向上的人打交道，會自動與形象不佳的人拉開距離。能否成功，有時就取決於能否在形象上先聲奪人，搶佔先機。有的人埋頭苦幹，卻因為不注重形象的影響錯失了一次又一次的機會。而有的人，良好的形象則是他們馳騁職場的一個法寶，讓自己因為形象而更快樂，更卓越。

哈佛商學院《事業發展研究》表明：事業的長期發展優勢中，視覺效應是你的能力的九倍。這深刻地說明了個人形象的重要性。良好的形象價值百萬，利用的好也能讓人不斷升值。一個人的穿著、言行、舉止、修養、生活方式、知識層次等等內在和外在的形象，清晰的定義著一個人他是誰、他的社會位置如何、他是否有發展前途。

羅伯特・龐德說：「大多數不成功的人之所以失敗是因為她們首先看起來就不像成功者。」人們普遍喜歡那些穿著得體，為人熱情、友好、寬厚、祥和的人，而厭惡那些穿著破衣爛衫，表現得缺乏修養，尖刻、好戰、征服欲望強烈、自私自利的人。因此，形象是成功的一個重要的遊戲規則，成功的形象能為你的成功起著推波助瀾的作用。

我們每個人都可以擁有不凡的形象。其實並不是只有家財萬貫的人才注定擁有良好的形象，任何一個用心的你都可以做到。外表的形象需要我們精心的打扮，而更重要的是內在自然而然散發出的自信。

外在與內在的形象可以相互補充，相互影響，甚至相互的增進。良好的形象不僅來自天生的好條件，更主要來自後天的自我塑造與修養。大多數人的迷人之處不是身材與容貌，而是積極的人生觀與自我意識。擁有美好的形象，生活會為我們敞開機遇的大門。

比如，有個抖擻的精神。站的直、坐的正，可以讓你看上去一直是精神飽滿的、充滿自信的。你當然肯定也不希望同事或老闆看到你整天無精打采的縮在自己電腦前。

或者是多點微笑，不論面對誰，都要保持微笑。這不僅是對其他人微笑，更是對自己微笑。微笑是會傳染的，這還能讓別人的悲傷也不那麼容易就傳染給你。做一個陽光的人，把你的微笑分享給別人。微笑不僅能為你帶來愉悅的工作環境，還能夠讓上司看到你積極樂觀的形象魅力。這是上司賞識你的很好的開始。

上司喜歡的絕對是時刻充滿熱情和上進精神，能夠帶動下屬，並為公司帶來巨大利益的人。如果一個人連自己的精神面貌都照顧不好，不能夠將自己最好的形象展示出來，讓他人看到他的價值，那麼更不可能期望別

人讓他站在更高的職位上發揮作用了。所以，良好的形象是一個人在職場中的升遷砝碼，用得好時它甚至可以有更大的升值空間。

👍【讀心術】

　　埋頭苦幹的努力工作需要的，但是也不能夠因此忽略自己的形象問題。因為上司往往更容易從外在形象上先入為主的判斷一個人的潛力。因為工作能力高者不乏其人，而能夠勝任更高職位、發揮更大價值的則是那些工作能力和形象俱佳的人，他們既是自身的良好說明書，又是對外的形象展示。這樣的人更容易得到升遷。

# 7·跟不上公司發展的人注定被淘汰

　　職場中被淘汰的有弱者也有強者，但是從此所謂的弱與強都勢必成為了過去，未來需要的是勇於跟上公司發展的人，而不斷的晉升肯定也屬於他們。埋頭苦幹不懂的應變，終究抓不住轉瞬即逝的機遇，不會有更大的前途，那麼，被淘汰也是早晚的事情。

　　慕楓工作兢兢業業，認真細緻，對於自己的工作他總是不出任何差錯的完成，對上司交代的任務也是一絲不苟的對待，對同事更是有禮有節，相處和睦。如此他的職場路自然是少了磕磕絆絆，很是平穩，所以，他在公司一工作就是20年。在此過程中，公司在不斷的發展和前進，經過了技術的革新，人員的更替，上市後新的挑戰和機遇，公司上下不斷的做著更多的調整和目標遠大的規劃。但是他始終覺得這些和自己沒有關係，自己只要做好自己的分內工作就行了。

　　所以，他每天仍然是用同樣的方法做著同樣的工作，每個月都領著同樣的薪水，每年都處在同樣的崗位。當他開始回首自己這些年如一日的辛勤工作時，他突然覺得自己的付出大於回報，以自己多年的工作經驗和資歷，自己簡直可以算是公司的元老級人物了，自己應該有資格擔任更高一級的崗位。

　　一天，他終於決定要求老闆給他加薪及晉升。他向老闆述說了自己這麼多年累積的工作經驗，自己這麼多年在工作上幾乎沒有犯過什麼錯誤，對於這份工作他簡直是做的駕輕就熟。老闆聽後很贊同他對自己的肯定，

但是老闆並沒有像他預想中的點頭稱讚，而是在他講完後搖頭嘆氣。

慕楓很不解，這時老闆道出了原因。他說，你有多年的經驗，那是因為你用這麼多年只累積了一個經驗，你工作的方法和模式還是你多年前的方法和模式，而對今天來說，他們已經不那麼適用了，起碼已經不像當初那麼高效。公司發展到今天，你一點新的經驗都沒有，怎麼能去適應新的崗位呢？

老闆的一席話讓慕楓頓時傻了眼，他也突然意識到，自己堅持這麼多年的經驗居然早就過時了。

當我們滿足於我們的某項成就時，會習慣於動不動就拿過去的成績來誇耀自己，過度的自滿很可能蒙蔽智慧的雙眼。我們都應該多看看周圍的環境有沒有發生變化。只要有一點的變化，我們就需要對自己做出調整，找到最適合的方法來應對有可能出現的新挑戰。一時的功成名就不能代表一生，我們不應該只滿足於一次的成功，而應不斷拓展自己的才幹、增加經驗。

所以，不要只生活在過去的經驗裡，尋找一個能拓展我們自己的方向，用我們自己的行動決定事業拓展的遠度和觸及的高度。在這個過程中，有很多是可以供我們參考的，而以下幾點也必不可少：

（1）認清大的形勢

外界的形勢總是在變化。一個公司，想要更好地立足本行業，就必須不斷的發展，只有在做大作強的過程中才能真正立足，而這也正是很多成功的企業家帶領他們的公司不斷追求的目標。

所以，大的形勢就是所有的人和事都是在向前看，都是在發展中不斷前行，這是不可逆轉的歷史趨勢，也是每一個時代的特徵。而作為一個

時代當中的一份子，大浪淘沙，你要嘛做被淘出的金子，要嘛被淘掉的沙子。形勢永遠比人強，要想不被時代和公司淘汰，就必須看清大的形勢，然後決定好自己的方向。

（2）讓自己適應公司的發展

一個真正成功的公司，它的發展過程是全體公司同仁共同努力奮鬥的結果，他絕不會因為一個人的意志而轉移，更不會因為一個人的止步不前而停止運轉和前行。所以，只有個人去適應公司的發展才能有較長遠的生存空間。

工作沒有一成不變，即使同樣的工作，也會因為時間和心情不同而不同。所以，要讓自己適應公司的發展，就不能只埋頭苦幹，應該知道公司的具體發展方向、方案和每一步的設想，甚至是你的老闆的規劃以及對未來的期望，不斷的思考自己是否因為沒有拓展自己而停滯不前，這些都直接關係到你的生存空間和機會。

（3）時刻準備好為自己充電

隨著工作壓力加大，就業競爭越來越激烈，每個行業每個職位都會面臨不斷重新洗牌的挑戰，過去很多陳舊過時的概念逐步被打破。作為一位不甘寂寞、不甘落後、力爭上游的職場人，所面臨的僵屍前所未有的機遇和挑戰。如果不能時刻準備好為自己充電，那麼到真正需要的時候才發現個人充電不足，那你就很難跟上社會的變化、公司的發展，使自己具備向上提升的基礎。因此，面對可以預見或不可預見的壓力，我們因該不停的學習、充電，在此之餘不斷尋求新機遇，才好從容、自信的應對。

（4）明確目標，制定好具體的措施

適應公司的發展，需要一個長期的過程，必須經過一些環節，所以在

措施的制訂上要有階段性、層次性，在什麼時間應該達到什麼樣的階段目標，為實現這一階段目標，又該做哪些努力，使自己的目標由低到高階梯式發展，否則基礎不牢固，長遠目標就難以實現。

　　只有制訂詳細、可行的奮鬥措施，那麼實施起來才會目的明確，節奏得當，無論是先急後緩還是先易後難，一步步的完成，在體現階段性勝利的同時將更有動力進行下面的步驟，那麼，克服困難和焦躁，慢慢的向我們的終極目標邁進就不成問題了。

👍【讀心術】

　　墨守陳規，固步自封，這些被說爛了的詞道出的絕不是過時的道理。睜開眼睛看世界的人，都會不知不覺間感受到一種潛在的壓力，從而迫使我們必須做出應有的改變，適應新的時代和社會，以及新的公司環境。我們發現，只有這些能夠跟得上發展的人，才會獲得更輕鬆自在，也更愜意幸福。所以，只有願意改變，不斷追求進步的人才能成為生活中真正的佼佼者。

# *8*·做出超乎上司期待的成績

在職場當中，作為下屬就要服從上司的安排和管理，認真做好自己分內的事情，取得圓滿的結果。但是這一過程並不是那麼的簡單，因為從上司到下屬有一個要求到理解這樣的一個轉換過程。如果下屬不能夠很好的理解上司的要求和命令，那麼在完成任務的過程中就會出現上司期望意外的效果，甚至於上司的期望相差甚遠，這種現象對職場中人尤其是下屬絕對不利的。

下屬只有堅持站在上司的角度思考問題，然後來履行自己的職責，才能滿足上司的要求。而最能夠讓上司看到自己的努力的方法就是做上司肚子裡的「蛔蟲」，總是在完成任務的同時再比老闆的期望多一點，做出令其滿意的業績。那麼自己也就會越來越像上司。

傑克獲得博士學位後加入了一家有名的汽車公司，但是，當他懷有對工作的崇高熱情，投入到工作當中的時候，他發現公司存在著很嚴重的官僚主義作風，而這正是讓他覺得不公和制約個人發展的因素。

經過思考，他認為這樣的公司不適合自己繼續待下去，但是自己一直以來對這樣的工作都很有熱情，輕易的放棄反而對自己來說是一種損失。就在他不能夠下定決心的時候，傑克的爸爸給了他啟發：如果這個公司從上到下都是如此，那麼傑克就沒有待下去的必要。如果有上司是很開明，已經意識到了這個問題並且有意去解決，那麼傑克就可以站在上司的角度，爭取和上司一起去改變這種現狀。

這番話語不禁讓傑克開始思量自己是不是真的決定要辭職，以及是不是真的有這樣的上司。一次偶然機會，傑克意識到自己的上司的上司同樣意識到公司的官僚作風，並和傑克共同探討相關的解決方案，最後還答應傑克今後將杜絕這種作風，並為他加了更多的薪水。上司的上司留住了他，也讓傑克學會了官僚作風所不具有的區別對待的管理方式。

意識到上司的上司的這種期望後，在每次業務總結會上，傑克總是能提出些超出上級高管的預期，讓他在這位可以決定自己職場前途的人留下深刻印象。他認為，老闆們提出問題時，他們在腦海中早已經有了自己的答案，他們只是想得到再次的確認而已。如果個人僅僅回答了他的問題，那麼就很難引起注意。所以，傑克的回答比提出問題的範圍更廣一些，不僅是給出一個答案，他還提出了許多意料不到的新鮮的觀點。正是因為傑克每次都能夠做得比老闆們的期望多出一點點，抓住每一次難得的機會，所以也總是能夠讓事情有了轉機，使得他和公司都滿意。不久之後，他就被上司的上司提拔，直至以公司CEO的身分退休。

上司和下屬之間並不是簡單的領導與服從的關係，更多的時候是相互之間的理解和被理解的關係，只有彼此之間取得了工作上的相互理解，那麼工作才會開展的順利。而這樣能夠與上司進行配合的下屬，不僅在上司面前體現出了自己的辦事能力，同時也展示了良好的協調能力和理解能力，很容易讓上司另眼相看。

下屬只有做上司肚子裡的「蛔蟲」，才能更加出色地完成工作，實現自己的夢想。要想很好地貫徹和做到這一點，有幾點需要時刻記住：

（1）站在上司的立場思考問題

面對同一件事情，上司與下屬常常會有不同的看法，以下屬的角度來

說，總覺得上級的想法有點不可理喻，過分挑剔，甚至主觀認為上級對自己有成見，這是萬萬不可取的想法。因為一旦這麼想了，就很容易對上司的要求出現偏頗的理解，直接導致執行時不能達到上司預期的效果。

因此，我們必須站在上司的立場思考問題，體會到上司的要求，以上司的出發點去考慮問題，你便更能體會到上司的要求，會發現上司的思考問題的角度有時候比身為下屬的你全面、開闊的多，這正是我們需要不斷學習的。只有學會了上司思考問題的方法，才能夠在未來實現自己的夢想。

（2）與上級取得默契

同一件事物，基於大家的身分定位不一樣，自然就有不同的想法，由於大家在職場崗位上的分別，在運用資源、權力、影響力、人際網路、經驗都不一樣，如想取得一致認同，上司下屬之間要有共識與溝通。因此，與上司取得默契顯得尤為重要。畢竟，我們在職場上出現，目的是配合上司的決定，共同提升解難能力，做出更好的業績。

在你期望有機會升職之前，應該把自己代入上級的位置，在思想層次上多練習，試以上級的方式思考問題，並且定出解決方案，然後再與上級討論有關意見，你會發現較為容易與上級取得工作上的默契，信任和共鳴。

（3）要會發揮自己的主觀能動性

一個隻會言聽計從的下屬，一個不會發揮自己的能動性的下屬，是隨時可以被替換掉的。上司也不會期望他能夠做得更多更好，也不會將更加艱巨的任務交付給他。久而久之，不能肩負大任、獨當一面的下屬，也就會逐漸地被上司遺忘，更不會獲得任何升職的機會。

以上司的立場看待問題，即使完全領會了也不能夠就此打住自己的思想和步伐。畢竟，高處期望值的成績更容易獲得好評。下屬在與上司共事的時候，只有充分發揮自己的主觀能動性，才能發揮更多自己的技能和才識。同時還能觀察上司的領導能力，以此作為借鏡，慢慢地開始思考並累積自己的領導能力。

👍【讀心術】

所處的立場不同，分析問題的角度就會不一樣，因此，對上司的決策意見或工作指引，不可能想當然地以員工或下屬的角度主觀地否定，應該盡量瞭解他所作出這個決定的原因。充分的理解他，知彼知己，方能沉著應對，出色完成，然後在允許的空間內按照自己的立場處理事情，做到更好。

# 9·讓雇傭你的人感到200%的滿足

想要在職場中脫穎而出,就必須比其他人更加的賣力,做更多的事情來凸顯自己。只幹領導讓你做的事情,那你永遠也無法脫穎而出。尤其是在遇到棘手的事情時,看似不可能完成的任務,如果自己通過自己的努力,不僅完成了任務,而且還讓領導感到200%的滿足感,那麼,恭喜你,那個能夠脫穎而出的人就是你了。

上海優仕管理諮詢公司首席顧問余世維先生對這一點深有體會,他在日本航空公司工作時,從日本人身上學到了盡自己的最大努力,去讓雇用自己的人滿意的處事原則。

為別人打工,並不是事事都請求得到同意才可以繼續下去。很多時候,通過發揮自己的能動性,即使繞個彎,只要能交出讓人滿意的答卷,那麼才是自己的成功。一次,有四個東京的本部長要到臺灣東邊的一個小島南嶼去度假。小小的島嶼上面只有兩個飯店,由於是旅遊景點,所以大部分時間套房都很緊張。而部長們的要求則是面對太平洋的四個連在一起的套房。意識到套房緊缺的情況下,余先生立刻發電報給東京方面,說明客房緊張的情況,並表示自己會努力去找。東京方面的答覆則是兩個字:瞭解。

雖然礙於客觀情況,但是因為這本是給自己的任務,如果辦不好反而是自己的失職,不免讓自己心存愧疚。所以余先生就繼續尋找符合條件的套房,經過一番努力,卻只是在每個飯店各找到一間。將這一情況回電給

東京，表達了繼續尋找的決心後，東京的答覆還只是「瞭解」兩個字。

看這種情況，余先生知道坐在東京打電話根本解決不了實際問題，最好的還是身體力行。所以，他連忙帶著錢飛到南嶼。預定好僅有的空房間後，余先生打聽到自己隔壁房間的情況，然後用自己掏腰包的方式為隔壁的客人換了新的套房。就是用這種方式，余先生最後四間套房全部找到，連在一起，面對太平洋。這次，東京的回電多了兩個字「謝謝」。

事後，余先生的上司稱讚了他這種積極主動的向上司彙報自己工作進度的工作態度，以及鍥而不捨的精神。雖然自掏腰包，但是余先生並沒有覺得自己有什麼實質性的虧損，因為正是憑藉著這股勁，他很快就得到了晉升的機會。而讓雇傭自己的人感到200%的滿意，作為一種投資是值得的，作為一種做事情的態度是可取的，作為一種晉升的手段是必需的。

在職場成功的一個秘訣就是做事多長一個心眼，尤其不能夠固守不變。如果你只是按照領導說的話100%執行，可以完成就完成，不可以完成就被困難給阻擋退了回來，此時，也就永遠不可能有較大的進步。

假如一個操作機器的工人只會操作自己的機器，對於相關流程中的其他機器和知識從來都是不聞不問，覺得那是別人的事情，與自己無關。即使他把自己的機器操作的出神入化，但是卻不能夠保證他有長遠的發展，因為機器終會有老化被淘汰的時候，那麼到那時，除此之外一概不知的工人，也只能隨著被淘汰。這是固步自封，沒有長遠目標的人的必然結果。

「做女人要像希拉蕊一樣」中希拉蕊用的一個很重要的戰略就是：「讓雇傭我的人或者是接受我提供的服務的人感到200%的滿足感」，這是我們從希拉蕊身上可以學到的一點職場成功的方法，那就是為自己定更高的目標，做的更出色，才能夠讓上司喜歡你，器重你，提拔你，從而謀求更

好的前途和未來。

要想讓雇傭自己的人感到更加的甚至是200%的滿意，就必須做到能人所不能，埋頭苦幹時將苦幹的精神發揮到極致，做出應有的成績。同時，還要懂得這當中的一些訣竅，為自己的埋頭苦幹錦上添花，做到更好，讓上司更加的滿意。

（1）跟上上司的思維

做下屬的，腦筋要轉得快，要跟得上上司的思維。想要讓上司滿意，首先必須知道他的所想和期望，然後才能夠更符合他的需要做出相應的行動。痛死還要注重多從上司身上學習，今天他能有資格當你的上司，肯定有他的一套，有比你厲害的地方。因此，你不僅要努力地學習知識技能，還要向你的上司學習他的言語，跟得上他的思維，不斷充實自己，才會提升自己，獲得上司的賞識和提拔。

（2）毫無怨言的接受任務

一個公司的成功要靠全體的努力，你要毫無怨言的接受任務。學不會毫無怨言的接受任務，就不能夠經受必要的職場考驗和歷練，職場當中很多的辦事能力和應變技能也就得不到累積，這對人生和職場之路來說絕對是一大損失。

而且，能夠毫無怨言的接受任務，更能讓上司看到自己對工作的嚴肅態度，對公司的衷心。相信這是很多老闆願意看到他的下屬表現出來的精神。即使他沒有做出過多的表態，但是身為老闆和上司，他絕對會把這麼好的員工記在心裡。如果你毫無怨言的去做，你的上司會非常的感激你，他即使當時不說，也會利用另外的機會表揚你，獎勵你、回報你。

（3）主動報告你的工作進度

　　像余世維先生那樣主動向上級報告自己的工作進度，的確是很高明的一著。因為任務實在是有些艱難，但是他的每一次報告進度都說明了他在努力，告訴上級他會愈挫愈勇，並表明自己的決心。

　　這種做法就很好的抓住了上司的心裡。因為身為上司，他不需要事無巨細，但是他也想要瞭解自己的下屬的工作進度，然後他才能放心，並依據下屬的工作進度來對下一步的計畫做出更加詳盡、具備的安排。所以，你的工作進度報告對上司來說有很大的參考作用，不僅是對工作的評價，更是對自己的員工能力的瞭解。良好的工作進度和安排，也恰好是讓上司認識自己的能力的好機會。

　　（4）一定要完成任務

　　一定要完成任務，即使多付出，多投資，甚至是吃虧。記住，這些永遠是暫時的，因為當自己出色的完成任務，使得上司超乎尋常的滿意的時候，也就是你的付出得到回報的時候。這時候的回報絕對比當初的付出換算的多，因為上司看到了你的苦幹精神，見識了你的辦事能力，嗅出了你處變不驚的魄力。這些是一個成功者、領導者所必備的素質。明智的領導絕對不會浪費你這塊可以有更好發揮潛力的人才的。

👍【讀心術】

　　做好下屬的第一步就是要讓雇用自己的人滿意。需要明確的是，自己的目標絕對不僅僅是讓上司對自己的滿意就行了，因為下屬只有讓上級200%的滿意，才說明自己的努力和能力是合格的，說明自己已經得到了來自上級的認可。那麼，自己才有機會走向更高的平臺施展自己的能力。因為只有更高的平臺，才有足夠的空間讓你發揮。這是上司和自己都明白的。

## 第四章 說話的學問

# ——有些話千萬不要說，否則你會死得很慘

　　能說話並不代表會說話，會說話也不一定就能達到理想的效果。當一個人從早晨到傍晚，反問自己一天究竟做了什麼的時候，說話這方面是萬萬不可漏掉的一部分。如果不會說話，說了不該說的話，那麼，很可能給自己帶來無法磨滅的傷害。一個人的偉大與否，是可以從他對於自己的成就所持的態度上看出來的。而說話能看出一個人對待自己的人生和工作的態度，謹言慎行總是更加的安全和有保障。

　　說話就像一門學問，一種技巧，種什麼因，就能結什麼果。用空話吹噓自己，說明自己能力的不足，信心的缺乏，得到的肯定是他人的鄙視。說話需要建立在實事求是的基礎上，看清對方的身分，觀察對方的反應，尤其是越到關鍵時刻越要說話小心謹慎，根據雙方長處、弱點、情緒、思想觀點、情勢等等做出隨機應變。必要時，沉默是金，無聲勝有聲。當你開始學會把說話變成一種成功的資本時，你一定能發現其實成功並不像人們所想的那樣艱難。

# *1*·想做什麼就用嘴巴說出來，注定完蛋

　　語為心聲，言語是一把雙刃劍。說自己說的太多容易洩漏自己的動機，陷入被動的境地。說他人說太多又容易得罪人，增添仇敵。沒有誰會故意去得罪人，若想克服這種不必要的麻煩，把握好自己的語言表達關是十分必要的，做到這一點最重要的一條便是不要口不擇言，想做什麼就說出來注定完蛋。

　　作為職場新人的柯閔一顯得很是健談，不過大多是嘴巴比腦子快。他對於自己的人生和職業前途早就有了明確的規劃。他覺得自己的經驗還不足以讓自己獨自闖蕩去創業，需要多多的向職場前輩學習。所以，他經常會尋機會與公司的同事聊天交流。只要有機會，只要是他認為有值得自己學習的榜樣，他就會勇往直前的去討教。不僅如此，他還對每一個他接觸到的人述說著自己下一步的計畫，向這位同時傾述自己遇到的難題，向另外的同事講述自己剛從前輩那裡學到的經驗。

　　柯閔一的能力的確很突出，所以很快就在公司新人中脫穎而出，受到了上司的賞識，有一次在集體會議上還作為先進例子專門提了出來。這樣難免讓其他新人顯得有些相形見拙，所以開始有同事在下面犯嘀咕，更有人動起了小心思。當他繼續對同事毫無防備，有什麼就說出來的時候，正好被那些別有用心的人鑽了空子，說他不僅愛打聽別人的事情，還會窺探他人的成果進而來裝裱自己。上司接到連續幾人反應後，結合平時柯閔一愛想什麼就用嘴巴說出來的特點，猛然覺得他的確有這方面的嫌疑。所以

在心裡立刻對他的印象大打折扣，也不像之前對他那麼重視。

嘴巴比腦子轉得還快的人大概可以分為兩種：一種是出口成章，機智幽默信口而出，往往讓人拍案叫絕；另一種說話不經過大腦但又天資有限，往往是出口傷人。前一種人是天才，這種人百里無一，後一種人卻是隨處可見，一抓一把。

明人呂坤認為，說話是人生第一難事。言者無心，可聽者有意。這位可憐的老兄本來想和朋友一起快快樂樂過個生日，豈料幾句不經過大腦的話，便將幾個多年好友得罪得一乾二淨，這便是口不擇言所付出的代價。說話要嚴謹，措辭須準確，這些最基本又最重要的語言表達方式如果不能做好，那麼做人成功只能是鏡中花、水中月，永遠無法得到了。

如果我們說話時不加檢點，就可能傷人敗興，引起誤解，惹怨招尤。我們要注意說話的場合、對象、氣氛，不要隨意就說。談話前預設「安全警戒線」，與人交談時，忌談他人的隱私和對方的尷尬之事，避免影響談話效果，損害人際關係。如果遵循了這些「禮貌原則」，不隨意觸及對方的「情感禁區」，則會使談話順利地進行下去。

其實這些都是我們可以做到的，只要我們認真對待自己，對待生活和工作，那麼就沒有辦不了的事情，避免不了的過失。掌握一些技巧在心中，時刻的鞭策、反省自己，就可以不斷的在說話方面完善自己的言行舉止。

（1）不是什麼話都要說出來

職場當中容不下老實巴交、想做什麼就用嘴巴說出來的人。一方面老說實話不一定受歡迎，另一方面什麼都說出來不僅不會對自己有所幫助，還會給自己幫倒忙。因為旁人時刻預備著利用你脫口而出的話為自己謀利

益，同時沒有人肯重視你的秘密而替你保守著。

所以，當你和同事往來時，尤其是和打聽消息的人接觸時，應設法掩藏你的思想和情感，保留自己做事的空間。與人為善，適當的交流是應該的，但是不能事事都要告知，尤其是涉及到彼此的利益的時候。此外，也不能時刻做出神秘的樣子。保守你自己的事情進程同時顯得坦白直率，這並非難事。

（2）用大腦指揮嘴巴

病從口入，禍從口出。說多了惹人煩，說錯了惹人怨。談話不經過大腦，極有可能得罪別人自己卻不知道，等到明白過來後急著彌補時，往往是越急越壞事，到頭來好話說了一堆，人卻得罪完了。所以，為了避免這種情況應該讓大腦成為自己語言的指揮所，說話之前先用大腦分析，再決定說不說，說什麼，怎麼說。

而且，做簡報或報告一些重要事項時，切忌冗長抓不著重點，而要精簡明瞭，條條分明，使人一目了然；再加以口頭上的分析及解釋，說得頭頭是道，這樣有助於他人決策。對於新的進程和規劃則要有所保留，因為你的對手時刻準備著窺探你的計畫，找出相應的策略超過你。更有甚者，會模仿你的創意卻快你一步，讓你背負抄襲的罵名，將其卡的死死的。當然這是最壞的情況，但是我們不能不小心。

即使拒絕也要拒絕的由技術含量，有技巧，掌握了這些技巧的恰當運用，既可以達到拒絕的目的，又不使對方難堪。所以讓對方不抱希望的婉言拒絕才是真正的高招。

（3）不可不說時，懂得含糊

有時候，你不得不開口。直截了當的拒絕容易將事情推入僵局，陷自

己於不義。此時，學會含糊，運用不確定的、或不精確的語言進行交際，而不是把話都說到嘴上，不僅能幫助自己逃過一劫，還能使事情得到圓滿解決，是一種待人處事的智慧。

如果你是一個領導，有時候也要心裡明白，外表糊塗。屬下的紛爭有很多都是面子之爭，雞毛蒜皮的小事有時也會爭得面紅耳赤、尷尬萬分。他們的屬下很多也是抱著看熱鬧的心理觀戰，也有想在相爭之中坐收漁利。作為他們的領導，你不可也不必為這些微不足道的小事偏袒任何一方，大可裝裝糊塗，一笑置之。靜觀其變，暗中採取措施避免真正的損失，是做領導的一大成功。

吃虧就是佔便宜，前提是你在吃虧之前已經想好了退路，知道了怎麼將吃虧變成佔便宜。但是，沒心沒肺的想做什麼就說出來的行為，卻是自己被算計了還不自知的愚蠢行為。這樣不僅容易被別人看透，沒有自己進退的空間，還容易失去公信力和威嚴，逐漸被別人取代。只有管好自己的嘴巴，才不會完蛋。

👍【讀心術】

嘴上功夫多由心生，由此不得不關注內心的動向。而人容易口無遮攔的時常常就是得意忘形的時候。美國汽車大王福特曾說：「一個人如果自以為已經有了許多成就而止步不前，那麼他的失敗就在眼前。許多人一開始奮鬥得十分起勁，但前途稍露光明後，便自鳴得意起來，於是失敗立刻接踵而來。」人生處在順境和得意時，最容易得意忘形，終致滋生敗象，樂極生悲。

# 2.別在公司裡信口開河

信口開河的人滿腦的自覺聰明，以為自己可以用語言締造自己華麗的篇章，卻不知道這樣連最起碼的影子都會得不到。要想在公司中立足，就必須摒棄浪費時間做無用功說大話，盡量減少低價值甚至無價值的時間浪費，盡最大努力去做好今天，明天也許就能做到更好。

當你第一天上班的時候人事部的人會對你就公司很開放，而且在很多時候開會的時候上司會說「大家暢所欲言吧，我會盡力滿足你們的要求、盡量解決你們所提的意見」。此時有些員工就按捺不住自己的「激動」，非常的想要「暢所欲言」，現實自己擁有不凡的見解，很具建設性的意見。有些真的開放的公司會有言論自由，但是這種情況也時有發生：每當領導跟員工面談時都會讓他們暢所欲言，但是有些人總愛信口開河，誇大自己發現的問題，到最後逐漸失去了公司的信任。

有一些員工憑著自己某些方面的優勢，目中無人，自認為對公司內、外一切事務明察秋毫，喜歡對任何事情高談闊論以表示自己無所不能。在他的眼裡，公司的其他員工都是無能之輩，毫無用處。取得一點成績便沾沾自喜，到處炫耀，從來不懂得自我批評是什麼東西。

還有的人，以為公司裡的同事不知道自己以前的事情，所以都會誇大自己的成就，甚至是編造一些根本不存在的事情來烘托自己的能幹，從而贏得同事的眼球，滿足自己的虛榮心。

這樣的行為都是職場的大忌，因為沒有不透風的牆，紙也包不住火。

事情總有露餡的那一天，人們將對你的印象從天堂打到地獄的那一天，對你來說將是最徹底的毀滅和打擊。所以不要把其他人都當成傻瓜，知言觀行的本領大家還是有的，否則吃虧的只有自己。

與公司裡的人日常相處中，大家其實都能夠漸漸的感知出你是怎樣的一個人。剛直的人，心所想的，就照說照幹，這種人言行一致易於瞭解，聽其言觀其行便知其人。但狡佞的人，所想所要幹的是一回事，所說的以至所行的又是另一回事，即以其漂亮的言辭，合乎道義的行為，掩蓋其罪惡的用心，因而獲得人們的讚賞和支持，以達到其罪惡的目的。

語言是人類溝通的工具，從一個人的言談，就足以知悉他的心意與情緒，但是，若對方口是心非，甚至信口開河，就令人猜疑了。這種人往往將意識裡的衝動與欲望，以及所處環境的刺激，修飾偽裝後，誇大的表現出來，令人摸不清實情。

說話講求一些技巧，這是我們需要學習的，但這並不意味著我們可以放棄原則，指鹿為馬，曲意逢迎，信口開河。對自己說過的話負責是一種起碼的生存規則，尤其是在利益攸關的職場和公司當中。職場中的信口開河很容易給同事和上司留下不好的印象，而這些都會成為我們的職場之路上的絆腳石。

（1）毫無責任心

一個說話隨便的人，往往沒有責任心。自己不能為自己說過的話負責，就難以在職場中立足。話多不如話少，話少不如話好，多言不如多知，即使千言萬語，也不及一件事情留下的印象那麼深刻。所以話不在多而在精，不在大而在准。

沒有調查就沒有發言權。信口開河，還不如閉口不言。否則信口開河

只會讓我們給人留下毫無責任心的形象，同時失去的還有公司裡的朋友和機會。這是很不幸的事情。

說話要說得少而且說得好。這才是我們應該做到的。我們絕對避免信口開河，尤其當有陌生人比我們有經驗，或者有更瞭解的人在坐時，因為如果多說了，便是不打自招地露出了自己的弱點，也失去了一個獲得智慧和經驗的機會。

（2）不值得信賴

信口開河的人絕對做不到言行一致。說的是一套，做的是一套，等於是在「販賣假冒偽劣產品」，難以讓人信服。即使一時不能被發現，但通過「時間」，便可發現他的言行不一。這樣的人，沒有謙虛的品質，就不能給予身邊的人安全感，一個常說大話的人，有誰願意與其共事呢？

這樣的人，同時也必定是不誠懇的人。因為他不誠懇，所以他的言語中總是會充滿謊言，用一個謊言去圓先前的謊言。周而復始，就形成了謊言的循環，也就成了習慣。朋友需要誠懇以待，同事上司需要同舟共濟，無法真誠待人的人也不會得到別人的信賴。

（3）難以當大任

信口開河的人，其中一點表現就是經常對他人評頭品足，論長道短。這樣的人可以窺探出他心胸狹窄的氣量，那麼人緣也不會好到哪裡去。再者，誇誇其談的人，即使志向宏闊高遠也會粗枝大葉，缺乏系統性和條理性，做事不能細緻深入，很可能會錯過重要的細節，給後來的災禍埋下隱患。

如此，同事不會覺得這樣的人有足夠的能力和魄力來領導大家走向更好的未來，那麼也就得不到足夠的認同。而慧眼識人的上司最忌諱這樣的

人來欺上瞞下，信口開河，當然也不會委以重任，給他貽害更大的機會。

在今天的職場中，無論是領導還是同事，都知道要識別一個人，不僅要聽他怎麼說，更要看他怎麼做。所以，信口開河的人是不會有機會從中獲得任何好處的，如果抱著僥倖的心理一試，不僅會失去他人對自己的信任，還會自己砸了自己的飯碗，而這時信口開河必須付出的代價，也是不可遺忘的教訓。所以，前車之鑒，後事之師，處在職場中的我們都要善於吸取經驗完善自己，把握說話的學問，避免走入職場中的雷區。

【讀心術】

如果你想讓自己頭腦更精明，處世更老練，人際關係更融洽，事業更快獲得成功，就要懂得說話的分寸，不需要每一句都是百分百的真實，但也絕不能信口開河，上天入地的在公司中逞口舌之快。這是為人處世的原則，以嚴對己，誠以待人，才能心安理得，問心無愧，活得更瀟灑、更成功。

# *3*· 不要在工作場合中透露私人資訊

在工作上精明能幹的人很少會將個人的事情摻雜到工作當中，生活可以是他們的動力和支柱，但絕不可成為牽絆。所以，他們一定會把生活和工作分開，即使工作中牽扯到生活，他們也會讓生活為工作添彩。相應的，在工作中得心應手也才能更好地享受生活。所以，當你不能夠做到這些的時候，一定不要硬逞強，將生活帶到工作當中，也不要在工作場合中透露私人資訊，否則只會讓自己心力交瘁還不見成效。

溫蘇經常在工作場合說他兒子現在是青春期，跟同事描述怎麼怎麼叛逆，由於兒子的叛逆，每天回家以後家裡的氛圍都很緊張。他主要是想通過傾訴減少來自家庭的壓力，但是最近公司開始了一個重大的項目，他一直以為自己是最佳候選人負責這個項目，但是結果令人意外，公司領導層選了其他人選。百思不得其解的他找到自己的直接領導詢問情況，此領導很委婉地告訴他說，你家裡的事情已經夠多了，再負責這個項目，恐怕會耽誤他更多的精力，不能好好的處理家裡的事情。所以，這也是大家為了他著想。

聽到自己落選的理由竟然是和家庭因素有關時，溫蘇好好地回想了自己在公司的表現，是否真的是給大家造成了這樣的印象。他突然覺得，他無心地訴說反倒是讓他顯得對家庭都心有餘而力不足，那麼估計他更沒有餘力做這麼重要的項目。那麼，領導的言外之意不就是你連自己家裡的事情都解決不了，你還能負責這麼重要的專案嗎。萬分懊悔的他怎麼也沒想

到是自己的多話使自己喪失掉了好時機。

工作中顯得對工作很投入，除了工作沒有什麼事情可以成為值得花費精力的事情時，這樣的人才容易獲得上司的青睞，覺得有時間和能力做更重要的事情。而往往那些難以將工作和生活分不清楚，容易將工作和家庭的情緒帶入到工作中的人，很容易給人做事拖遝，不夠乾淨俐落，甚至是生活都料理不好的印象，這些感觀直接構成對一個人工作能力和潛質的評價依據。

在工作場合中透漏私人資訊，一方面不僅得不到預期的回應，另一方面真正的問題到最後也不會找到合理的解決方法，還會影響我們自己的工作。職場有很多種不成文但是又不得不遵守的規則，其中很基本的一條就是——不要在工作場所透漏個人資訊流露個人情緒，不要讓私人因素左右你的工作。

作為新人，因為做事效率不佳被上司劈頭蓋臉一頓臭訓之後，午飯時間坐在格子間默默哭泣，眼淚流了一臉。身邊同事來來往往，卻都只是漠然或同情地掃她一眼，沒有人停下來拍拍她的肩膀，邀她共進午餐，聽她訴說自己的委屈，或者給她指出正確的道路。這就是職場和生活的區別，你的私人資訊和感情對別人來說毫無駐足的意義。頂多是你的私人資訊有利用價值的時候，才會得到額外的「關注」。

職場變化越來越快，競爭越來越殘酷。無論是職場新人還是舊人，隨著職場環境和規則的變化，如果你沒有迅速適應環境並成長起來，那麼很可能面臨掃地出門的命運。要知道，你的競爭者和替代者從來都沒有減少過，你的上司也絕不會因為你暫時還沒有適應環境而對你有任何的通融。因此，要懂得從以下三點適當約束自己，有約束才會有效力。

（1）工作和生活要兩清

就像家人不喜歡你回到家還是對工作念念不忘，完全忽略了他們一樣，在工作中領導不希望你還對自己的私人事情侃侃而談，同事也不希望聽你絮絮叨叨，好像你才是中心，所有人都要圍著你聽你講自己，浪費他們的時間和精力。

工作是工作，生活是生活。將工作和生活分的清楚，才能知道個人在不同的角色當中應該承擔的責任，從而合理的分配時間和精力完成工作，又不會耽誤個人的事情。那些將生活和工作混為一談，將生活帶入到工作當中的人，很難得到上司的認同。所以，在工作場合中，有關自己私人的資訊還是少說為妙。

（2）避免和同事過於交心

現在我們大部分人有太多時間跟同事一起過，我們跟同事在一起的時間有時甚至超過跟家人在一起的時間，這種情況使我們有時分不清公事和私事，有時候覺得跟同事的關係像親人一樣，跟同事分享自己的私事，孩子養育問題，個人健康問題，經濟上遇到的一些困難等，但是請記住，職場就是職場，你這樣做很危險。

就某種意義而言，大家在同一個公司裡，可以說是同舟共濟、甘苦與共，人人都能成為朋友，可以傾訴煩惱，互相幫助，更可藉著良性競爭發揮彼此激勵的效果。這是一種很自然而然的交流，但是一旦深入私人領域，自己反而不能夠即使煞住車，那麼過多透漏私人資訊後果可能一發不可收拾，特別是在牽涉到金錢或個人問題時，宜謹慎行事。因為一不小心，就可能為將來埋下無法拔出的禍根。

（3）永遠保持最好的狀態

　　你在工作中的心情、態度和形象各個方面都一點不落地進入到別人的眼中。你要讓同事覺得你在私人的事情上沒有什麼可談的，你對工作更加有興趣；讓上司看到你持續的熱情和永不言敗的精神，你是不會被外在私人因素影響的好下屬。不讓個人的情況在工作場合中外露，如此，你既可以遠離是非保持中立，又可以有更多機會表現自己。

　　你要保持最好的狀態給別人看，不要說有多累，要不然可怕的後果會更累。就像你自己身體不太好，也不需要把自己的健康情況告訴同事或上司，因為對上司來說你不健康說明你不能百分之百投入或有可能影響工作，這樣你的上司會不安，他甚至會提前想對策或再額外招人，這樣的話到時候即使你的身體恢復了，你有可能會面臨失去自己位置的尷尬局面。最好的狀態就是你實力的象徵。

　　很多時候，勉強自己的事情會讓人很累。但是累的根本原因是我們不願意適當地改變自己，讓自己更適應社會和環境。有些人說事情不吐不快，但是沒必要在工作場合中吐露，你有朋友可以傾訴，有家人可以依靠，為何非要將私人資訊帶到工作中反而給自己增添麻煩呢？

　　好好想清楚這其中的利害關係，權衡一下前後的因果得失，管好自己的嘴巴，掌握說話和說什麼話的分寸，那麼你就不會覺得是在勉強自己，反而會覺得這是對自己的一種錘鍊，當我們掌握了足夠的技巧遊刃有餘之時，我們得到更多收穫和成功，彼時的付出就是最好的投資。

**👍【讀心術】**

　　過分的專注於自己的事情，會給同事和上司一種比較自我的印象。這樣的人大多不受歡迎，較難建立良好的人際關係以及升遷的機會。只要是不傷人誤己，說話可以圍繞著工作盡情地展開，做到收放有度即可。而絕不可涉及的領域就是私人領域，這是一劑對工作有大殺傷力的藥品，不用也許你的工作就是那樣，但是用了之後就無法清除。

# *4*·為自己辯護的人注定成為輸家

　　為自己辯護是一種很明顯的推脫責任的表現，這是絕不可饒恕的嘴巴的一大罪過。說話要用腦用心，愛找藉口者得到的是一時的寬恕，卻失去了長久的機會。勇於承擔責任，向前看，更容易成功。遇事自我辯護，扯皮、推託甚至無理耍賴，只會容易栽跟頭。

　　馬有失蹄人有失足。那麼職場老手也有失手的時候。工作中出現紕漏不可避免，但是在上司和同事眼中卻是不可原諒的，尤其是造成嚴重後果的時候。此時，你開始分析外界因素多麼的雜亂無章，擾亂了你精心的策劃和安排，有些人是多麼的難以忍受，耽誤了自己的進程，有些人能力不足，給自己的工作成果帶來瑕疵……當你在進行一些列的全面檢討，卻唯獨忘記了自己的時候，你會發現自己的分析儼然成了一種狡辯的說辭，蒼白無力，毫無信服力。

　　職場新人，剛進單位時總會謙卑地說：「我是新人，請大家多多關照。」初次給自己接手的客戶打電話：「您好，我新加入這家公司，正在努力熟悉客戶情況，在以後的合作中，還請您多多關照。」當你請求別人對自己多多關照的時候，實際上你是在乞求別人對於你對工作的生疏和失誤多多原諒。你已經將自己犯錯誤當成了一種應當的事情，自己是新人成了你不會自責和愧疚的藉口。真正遇到問題、出現麻煩的時候，你就有了「新人」這個保護傘，覺得自己可以不用承擔責任，起碼你是這麼以為的。但是，這恰恰是你的失誤。一開始的請求就將你自己放到了更低一級

的臺階上對待，不僅你自己輕看了自己，還給別人這種輕看你的意識。

任何一種為自己開脫的行為，都是不負責任的行為。解釋就是掩飾，掩飾就是事實。更何況你還是竭力的為自己辯護。我們可以完全不在乎別人對自己的看法，但是不得不承認，我們的職場前途和上司、同事息息相關。他們對我們的認知直接來源於我們對待自己的態度。勇於承擔工作中的責任，不用過多的語言進行無力的辯護，贏得的可能就是尊重和欣賞。一味的推脫和辯護，就會在言語間失掉人心，成為最終的輸家。

所以，我們要竭力做好自己的工作。當出現失誤的時候，無論有沒有自己的直接責任，都不要忙著為自己辯護，看清局勢和利弊，再採取有效的行動。正如有的人會在波折中跌倒，有的人會在波折中崛起一樣，前者只看到了自我，後者則是利用時機為自己豎立起了一面旗幟，恪守著以下規則，從而走向了成功。

（1）挺身而出

常言道：「疾風知勁草，坂蕩識忠臣。」在關鍵時刻，上司才會真切地認識與瞭解下屬。當某項工作陷入困境時，你的辯解是你害怕承擔責任，不知改進自己工作的表現，也很容易被大家貼上畏首畏尾，膽怯儒弱，甚至無知無能這樣的標籤。這時候，同事不會支持你，上司也不會信任你。相反，你若能挺身而出，在責任之中彰顯你的能力和個人魅力，同事會被你折服，上司也定會格外器重你。

（2）勇擔責任

為自己找藉口，只會得到更多人的鄙視。無論是誰在工作中出現失誤，都不要幸災樂禍或冷眼旁觀。別忘了，你們是一個團體，任何一個人的失誤都會影響每一個人的成績。能分擔責任就分擔責任，不能分擔責任

可幫他分析原因，千萬不可「獨善自身」，為自己開脫。

（3）不發牢騷

你會發現，你的牢騷越多，你遭到的白眼和冷哼就會越多。因為當你發牢騷的時候，你在宣洩自己的不滿的時候，你已經將自己應付的責任轉嫁給了他人，在外人看來這是一種極不負責任的行為。沒有人願意和不負責任還滿腹牢騷的人共事，否則自己就會成為你牢騷的對象。人人都要為自己考慮，沒人想要被抱怨。所以，滿腹牢騷永遠不如在心裡小小的嘀咕幾下。

（4）精明強幹

不為自己辯護並不代表就要悶悶的承擔所有的責任，要知道只知道承擔責任不懂得抬升自己的人，大多都是那些苦幹卻沒有出路的人。上司一般都很賞識聰明、機靈、有頭腦、有創造性的下屬，這樣的人往往能出色地完成任務。即使是你犯錯了，你的精明能幹勇擔責任還是會贏得上司的器重。所以，遇事先保持冷靜理智才是重要的，慌不擇路為自己辯護的時候就無法充分展現自己的能力，那麼恐怕連重生的機會都不存在了。

除了自己不為自己辯護，也不要渴望上司和同事對你的「仁慈」。因為這些很容易讓你輕易原諒自己，缺乏提升自己的動力和鞭策。同時，也會降低上司和領導對你的期望，這是一個很不利於你的信號，因為只有降大任於你的時候，你接受的考驗才多，被期待的目標才高。如果這一切都在你為自己辯護和他人對你的仁慈當中降低的時候，也就是大事不妙的時候。

**【讀心術】**

　　當時勢造英雄的時候，相應的必須也得有狗熊一樣的人物作為失敗的形象衰落。人生難得機遇，在上司面前，不要錯過表現自己的好機會。無論是多麼壞的事，莫急莫慌。正如事實勝於雄辯，行動勝過語言，轉危為安的時機不可錯過，而最好的時機就在語言上。即使是為自己辯護，也要潤物細無聲，潛移默化中造時勢，轉敗為勝。

# 5·不但要做到位，更要說到位

進入職場中的人都深知職場當中的種種規則，未進入職場的人又都害怕職場中的規則。其實，規則是固然存在的，但是起決定作用的還是握有主動權的我們。做事到位可以得到賞識和機會，說話到位可以化解矛盾，爭取更好的機會。不是命運不偏向我們，而是我們願不願意爭取我們應得的成功和榮耀。

某公司有一個女孩子，平日只是默默工作，並不多話，和人聊天，總是面帶微笑。有一年，公司裡來了一個好鬥的女孩子，很多同事在她主動發起的攻擊之下，不是辭職就是調離。最後，矛頭終於指向了這個女孩。某日，這位好鬥的女孩子抓到了那位一貫沉默的女孩子的把柄，立刻點燃火藥，劈哩叭啦一陣，誰知那位女孩只是默默笑著，一句話也沒說，只偶然問一句「啊？」最後，好鬥的那個主動鳴金收兵，但也已氣得滿臉通紅，一句話也說不出來。過了半年，這位好鬥的女孩子也自請他調。

你一定會說，那個沉默的女孩子的「修養」實在太好了，其實事實不是這樣，而是那位女孩子聽力不大好，理解別人的話不至有困難，但總是要慢半拍，而當她仔細聆聽你的話語並思索你話語的意思時，臉上又會出現「無辜」、「茫然」的表情。你對她發作那麼久，那麼賣力，她回以的卻是這種表情和「啊」的不解聲，難怪要鬥不下去，只好鳴金收兵了。

這是一個典型的裝聾作啞，佯裝不知的職場案例。但是它不僅僅是告訴我們要裝聾作啞，而是告訴我們言語的力量。有時候，此時無聲勝有

聲，有時候語言又可以產生無窮的力量。無論是哪種做法，只有是在合適的時機，說的到位，才能發揮最大的功效。

勇於爭取的人，並不都是風風火火、雷厲風行的人。那些穩重、坦然的也並不是毫無野心、鬥志的人。人不可貌相，更何況職場這種藏龍臥虎的地方。看那些做到位，更會說到位的人，你就知道誰才是真正的職場成功者和風行者了。

什麼事該說，什麼事不該說，這裡面大有學問。在待人處事時，愚蠢的人什麼都說，還什麼都說不清，聰明人是該說則說，不該說則不說。這就是能否說到位的區別。很多時候做的到位還不夠，還要能夠說的到位才有用。因此，說話藝術能體現一個人為人處世的智慧。善說者不是把心裡的話都抖露出來，而是把該說的都說到嘴上，不該說的則換一種方法去說。

掌握說話的學問，有很多需要注意。根據不同的情形，採用不同的說話方式，才能找到具體的應對方法，可以從危難中成功脫身，也可以收穫職場果實。想要說到位，就依照以下情形多實踐，成功也就在望：

（1）做到說到

當同事都在看著你，領導在觀察你的時候，你的行動要果斷有效，要到位。除此之外，你還要在語言上體現出自己的一種決心。你要讓同事明白，你願意做更多的事情，做得不好你會承擔更多的責任，做得好他們也有功勞，你願意與大家共用成功的喜悅。如此，你與同事間的關係就會比較融洽，即使得不到他們的鼎力支持，你也會相應的少很多絆腳石。

同時，你要有一種視死如歸的勇士精神，在擔大任前，領導希望你有自己的規劃和目標，此時，你需要適當的進行一些表白。否則，悶頭苦幹即

使到位，高高在上的領導也難以看全你的努力和才幹。所以，如實的工作彙報和階段性總結是不可避免的，但切忌誇大其辭，炫耀自己。

（2）淺嘗輒止

作為下屬的你，不能對上司毫無禮數，妄加評判，對的錯的都不會因為你的言語而改變，更不會起到決定性的作用。如果毫無節制，反而會被領導記恨，動不動給你小鞋穿。作為上司，下屬的失誤你也有責任。如果破口大罵，或者指責個沒完，不給下屬留顏面，不僅丟了自己作為領導的尊嚴，還會激發出下屬的不滿，更甚者還會找到機會將你推翻。

此時，雖然你有進言或是批評的權力，但沒有不計後果的本錢，否則很容易去掉飯碗。淺嘗截止，才能顯得你的話語的分量，只需說到點上，其他的就不是你可以左右的事情了。因此，你的表示可以贏得支持，但是過分的居功自傲和恃才傲物很容易招人嫉妒和非議。無論是你的成功，還是他人的過失，淺嘗截止即可。

（3）此時無聲勝有聲

不要有非說不可的衝動。有時候，沉默的力量絕對大於話語的重量。別人無端的挑釁，適當的沉默是化解的良方。工作中能夠解決的問題，千萬不要開口尋求別人的幫助。否則，只會降低你的能力的水準。對於別人的隱私，沉默才是讓別人安心和信任你的最好方法。

職場中需要我們保持沉默的場合實在是太多，口無遮攔的人往往會陷入到是非的漩渦當中。掌握說話的學問，就要知道有些話千萬不要說，否則會死得很慘。所以，該保持沉默的時候，也要耐得住寂寞，不是在沉默中死亡，而是在沉默中爆發，這就是此時無聲勝有聲的力量。

無論是哪一種情形，說到位才是最重要的。有時候千言萬語，等於沒

說，有時候字字珠璣，卻能產生擲地有聲的效果。所以，不僅做事不做無用功，說話也不要說無用的話，說多了還有可能引火上身。時刻謹記，不做口舌上的強者，而做言語和行動中的勝者。

👍 **【讀心術】**

嘴巴是自己的，自己必須為自己的言行負責。收放自如，不僅指的是行為，更是言語。說到位，已經不局限於顯示自己的口才，還是提升自己的一中策略。不但要做到位，更要說到位，雙管齊下，不僅增加一重保險，化解不必要的危機，還能為自己的業績增光添彩。所以，用做到位鋪好路，說到位保駕護航，做一個職場的智者。

# 6 · 對高層的人不可直話直說

　　說話做事講求溫和的方式，既不傷人也不會反過來傷著自己。這種雙贏的局面對自己來說才是最有利的結局。要想被認同而不被排斥，就要避免有話直說，充分照顧上司的自尊，才易於被上司接受，實現高效率。

　　凌風是一家網企的總經理助理。他的頂頭上司王總是搞學術、技術出身，由於工作重點長期在研究開發領域，因此對企業管理依然一知半解，出於對技術的鍾情與依戀，王總直接插手技術部門的事，把管理的層級體系搞得亂七八糟，其它部門雖然表面上敢怒不敢言，但私下裡無不怨聲載道，讓凌風與其它部門溝通協調備感吃力。

　　凌風知道直截了當的指出王總的不足很有可能會砸了自己的飯碗，自己絕不能冒這個險。但是他知道王總絕不是那種不通情達理，聽不進下屬的意見的人，所以經過思考，凌風決定採用兼併策略，委婉的再次向王總諫言倡行。他對王總說，真正意義上的領導權威包含著技術權威和管理權威兩個層面，王總的技術權威牢固豎立，而管理權威則有些薄弱，亟待加強。王總聽後，若有所思。

　　凌風巧妙地兼併了王總的立場，結果獲得了成功。後來，王總果然越來越多地把時間用在人事、行銷、財務的管理上，企業的不穩定因素得到控制，公司運營進入了高速發展狀態，凌風的各項工作也順風順水，漸入佳境。

　　凌風的諫言之路出色就在於他不但沒有排斥上司的觀點，還充分肯定

了上司的能力，維護了上司的權威，以此為基礎站在上司的立場上，提出了幾乎不是問題的問題，讓上司自己發現自己的不足，從而採取行動加以改進。

金無足赤，人無完人。上司會在一些不恰當的場合作出一些不恰當的決定，也許是故意刁難，也許是能力缺陷。但是無論如何，高階層的人有屬於他們的思維和原則，很多時候都不是下一級的人那個切實體會得到的，也不是他們可以隨意打破的。所以，無論是向上級報告工作還是向上級諫言，都不能造次，只憑著自己的意願來。上司大權在握，居高臨下，如果貿然的行動，不顧及上司的立場，遭殃的很可能是自己。

提意見的技巧決定著效果，向上司提意見亦不能百無禁忌，因為提意見的內容決定著結果。面對來自上司的壓力，總有一些話如骨哽在喉，不吐不快。此時此刻，向上司提意見要講究藝術。最不可取得就是有話直說的傻瓜行為。

無論你們是同級還是上下級，說話都不可魯莽。三思而後行，也要做到以下「四步走」，不斷完善自己在面對高階層的人時的說話技巧，才能說是掌握了提意見的上等策略。

（1）看清高階層人士的為人

俗話說：伴君如伴虎。上司畢竟不像一般同事。何況一般同事之間也應該注意分寸，不能太無所顧忌。所以，在你有話說之前，一定要先確定你的對象是不是一個會聽你講話、提意見，而且之後還不會對你進行打擊報復的人。

善於體會上司可不可以進言，是每個職員必須具備的生存能力。只有瞭解了他在這方面的特性，你才能具體應對。不會納言的領導，你在平時

說話交談，彙報情況時，都要多加小心。特別是一些讓領導不快的話，就更要注意。那麼，就更別說提意見了。如果激烈反擊，受傷的很可能總是你。

有的領導比較尊重職員，所以在拒絕職員、下屬的提案時，充分考慮職員的工作熱情和自尊，而不願直接點破，他們往往先給你以肯定，然後指出你的意見同全域的不同之處。這種領導是值得尊敬的，也是可以提意見的。也只有在這樣的環境中，你發展的空間才會大。

（2）委婉含蓄效果好

只有說話方式恰當而合理，真正做到了良藥也不苦口，忠言可以不逆耳的程度，別人才會欣然接受。如果不講藝術，只圖一時口舌之快，到頭來別人非但不領你的人情，反而會對你產生厭惡和反感。這種吃力不討好的事情恐怕沒人願意做。

對於可以提意見的高階層人上，你也要有足夠的尊重態度。任何時候都要在說話方式上約束自己。因為良藥會苦口，忠言會逆耳。好脾氣的領導也不是任何時候都能夠保持好修養。所以，對他們說話要講究藝術，做到委婉含蓄才能收到好效果。

（3）不可撞到槍口上

說話看人眼色，萬萬不要哪壺不開提哪壺。每個人都有很多忌諱，尤其高階層的人還會有自己的脾氣，喜怒哀樂都是不能被忽略的。如果你在無意之中觸動了他的「雷區」，你就會糊裡糊塗地受到對方充滿火藥味的「轟炸」。所以，說話時，千萬不要踩上地雷，炸傷了自己，得不償失。

人常說，「不打勤的不打懶的，專打不長眼的。」這話說的實在有道理。因為人生在世有很多忌諱，因此，說話應該善於察言觀色，以平常

心去應付，習慣成自然，對這類情況就可以應付自如了。有時越是謹慎小心，反而更容易出錯，會被上司誤認為沒有魄力，不值得重用。所以，不斷的鍛鍊自己說話的技巧和察言觀色的能力，做到收放自如，自己既自在，掌握了好分寸，又不會使他人感到刻意。

（4）說話也要有節制

君臣始終有別，上級和下級之間也是如此。所以，即使你有說話的機會，使用的次數也不可太多，否則你的領導就會認為你是自作聰明，過於顯擺，讓其相形見絀，最後聰明反被聰明誤。同時，也要學會用徵詢意見的方式，讓人覺得是自己醒悟過來的，讓他發自內心的覺得也有你的功勞，令上司大加賞識與認同，這才是真正的收穫。

👍【讀心術】

說話若想不得罪別人，很重要的一點便是不能在失意人面前談得意之事，雖然這可以滿足你一時的成就感，卻可能讓別人記恨和嫉妒一輩子。尤其是對我們的前途有決定性影響力的上司和領導，做到讓他們心悅誠服，才是一個有「心機」之人擁有好口才和好人緣的開始。

# 7·再累也不要抱怨你對工作的不滿

對工作感到累說明能力的欠缺，抱怨則容易讓人避重就輕，認識不到問題的根本原因。要想獲得成功，就要勇於認識到自己的不足，少抱怨，多做事，在工作中檢視自己，提升自己。大凡成功者都不會駐足不前，抱怨連連，為自己找藉口。

很多人都會覺得工作中有太多不順心的事，或者看不順眼的事。有些人沉不住氣，心裡有什麼想法就會去向他認為靠得住的同事述說：比如，升職升不上去，就會抱怨上司打壓他；別的同事混得好了，他就要責罵人家拍馬屁，或者上司太偏心；公司待遇比較低，他就要責怪公司領導太差，或者老闆太摳門；看到一些「黑幕」，他就要散佈新聞。而有的同事也會很附和你，把你內心的秘密全套了出來。但是，這麼做的結果會怎麼樣呢？過不了幾天，你就會發現你所說的秘密很多人都已經知道了，或者上司突然間對你很反感。

總之，包括崗位、住宿、待遇……太多的東西讓我們的心情沉痛，但是，這並不是值得我們抱怨的事情，也不應該成為對工作抱怨的藉口。很多人覺得自己不受重視，但是，要知道在真正做出成績之前，不被重視是肯定的，況且我們想要的不是被重視，而應該是被重用。只有重用才是對我們的肯定，才有更多的機會晉升。如果還是對工作滿腹牢騷，那麼我們不妨一起跟古人學習學習吧。

（1）天將降大任於斯人也，必先苦其心志，勞其筋骨，餓其體身，空

乏其身，行拂亂其所為，所以動心忍性，增益其所不能。

此語出自《孟子‧告子下》，即老天要讓一個人承擔重大的責任，一定會先讓他承受痛苦的磨練，使他的筋骨勞累，使他人的身體忍受饑餓，使他的身體匱乏，用各種誘惑擾亂他的心志，這樣就能培養他堅韌的個性，增加他不曾擁有的本領。

人們要經歷十幾年的苦學才能成為有用的人才，運動員要經過多年的專業訓練才能參加世界比賽……努力付出、不斷磨礪是我們收穫成功、走向成熟必須經歷的階段。所以，苦難是必經的考驗，我們必須認識並正視我們工作中遇到的種種不滿，當我們調整好心態的時候，會發現不滿也在漸漸減少。

每個人在商業世界裡都有邁出第一步的那一刻，當我們執著自己的「事業」時，往往把經受的苦難視為快樂，並且越挫越勇。事實上，正是我們經受的愁苦「磨練」了我們的心智，使我們具備了革命樂觀主義精神，以及迎接更大挑戰的勇氣。仔細研究當今世界各地的富豪可以發現，他們大多經歷了各種苦難，承受了常人難以想像的壓力。而這正是他們獲得成長和進步的最佳方式。因此，每一位商業人士都要對面前的困難有充分的認識，並善於在苦難中成長自我。

（2）道雖邇，不行不至；事雖小，不為不成。

此語出自《荀子‧修身》，即道路雖然遠，但是不行動就不能到達；事情雖然微小，但是不做就不能成功。

這是一種行動出成績的真理。想要實現自己的目標，必須全力以赴。成功路上的任何小事都有可能決定成敗，所以，繁瑣、麻煩、棘手的事情抱怨並不能解決問題，關鍵是在行動上。

停住腳步抱怨永遠不會達到目的，實現成功，只有行動起來才能增大成功的機率。在現實生活中，一些人總是把成功歸結為天賦、運氣、機會、智慧，而對自己是否採取了切實有效的行動這一關鍵因素視而不見。殊不知在競爭的職場當中只有行動才是最有效、最直接的制勝手段。

所以，不能苛求事事順利，也不能過分追求前進中的完美。懂得行動起來的重要性，放棄不必要的抱怨，就能一步步向成功接近，達到目的地，贏得成功。

（3）大行不顧細謹，大禮不辭小讓。

此語出自司馬遷《史記·項羽本紀》，即做大事的人不顧及細節，行大禮不會被小的謙讓牽伴。

這是一種對待小事的糊塗學，就是說在對待大事的時候要不糊塗，專注於對全域的把握和理解，相應的在小事上就要適當的糊塗些，節省更多的時間和精力投入到更長遠的事情上。

小事要為，但是不能只為小事。要想在職場中作出成績，擺脫那些讓人忍不住發牢騷的境地，就要做事乾淨俐落。想要如此，就要不被小事干擾。注意把握大局，不被細節糾纏住，才能使事情朝著我們設想的方向發展。

對待工作，其中一個重要原則就是按照預期的計畫努力推進工作進程，即便中途出現各種困難和挑戰也要努力化解。這種從大處著眼、把握大局的做事原則是我們獲得成功的關鍵。而引起抱怨的往往是那些小事。所以對於想做大事的人來說，就要拿得起、放得下，在理性與感性的選擇之間，應該著力於成就自己的大事。

（4）君子藏器於身待時而動，何不利之有？

此語出自《易·易辭下》，即君子把才幹隱藏起來，然後等待時機而行動，這有什麼不利的狀況嗎？

這是一種等待時機的智慧，如果時機不對，空有才幹也沒用。抱怨只會讓自己自暴自棄，逐漸沉淪。它提醒我們要採取謙卑的姿態為人處事，對待自己的工作，才能修煉自己的身心，在時機成熟的時候有大的作為。

職場活動往往涉及到重大的利益，因此期間的人際關係非常複雜。從領導人的角度來看，決策者的一言一行關係到每個人的切身利益，所以我們要善於隱藏自己的真實意圖，包括在經營方略上要善於隱藏自己的鋒芒，從而掌握一種外圓內方、綿裡藏針的管理與處事技巧，才能實現出色的領導與管理工作。身為員工，每個人在公司裡都會隱藏自己的鋒芒和缺點，表現出領導所期待的優秀品質。

因此，我們要隱藏自己身上的缺點，平和地看待周圍的人和事，遇到自己不熟悉的東西要放下架子和抱怨，虛心請教，才能使自己獲得成長、進步。即使身懷絕技，沒有遇到合適時機前，切不可輕舉妄動，更不能發出懷才不遇的抱怨。只有沉得住氣，才有機會在未來某個時刻承擔更大的責任。

👍【讀心術】

黑格爾說過：「一個志在有成就的人，他必須如歌德所說，知道控制自己。」而有效的控制就是減少抱怨，專注於工作和事業，不被工作中的苦累和抱怨牽絆。只有工作踏踏實實，一步一步地來，不太急於求成，才會有作為，有地位。

# 8 · 隔牆有耳，嘲笑老闆的話少說為妙

職場中任何形式的不足和不快都是暫時的，都會隨著時間的流逝而消散。而對老闆的嘲笑卻不會隨風消散，會在那些隔牆的耳朵中，對自己的傷害中越來越深刻。一個人最可貴的才能是：管住自己的嘴巴。做一個聰明不會被人利用暗算的人，就要謹防隔牆有耳，嘲笑老闆的話少說才為妙。

這次的項目其實已經完成的差不多了，而且效果也不錯。但是追求完美的上司還是針對其中的小錯誤對李銘提出了批評。本來就覺得很辛苦的李銘當然覺得很委屈，自己的努力和成績不但沒有得到上司的誇獎，反而還遭來一頓責難，這樣的領導實在是不懂得體恤下屬。所以，李銘越想越覺得氣憤，所以在休息的時候他忍不住對自己的好兄弟抱怨起來上司的不通情理，不體恤下屬，而且越說越覺得不滿，甚至覺得這樣的領導真是有夠差勁的，還不如早早下臺之類的話。

說完後，李銘並沒有放在心上，權當是一種發洩。但是不小心被另外一位同事聽到，並趁機向該領導打了小報告。此後，此領導就將李銘的話記在了心裡，當他做出成績的時候更加的雞蛋裡挑骨頭，讓李銘覺得很是勞心傷神；而且有了重要任務，即使李銘比其他人能勝任，也不讓李銘插手。漸漸的李銘就丟掉了很多好機會，他也越來越消沉，做事越來越沒有積極性和上進心，在工作上起色也很小。

語言是人與人之間溝通的橋樑，發牢騷也是一種溝通的形式。但是，

並非任何形式的溝通都是有效的，更何況是產生反效果的說話方式。當嘲笑老闆，又遇上隔牆有耳時，就會如李銘一樣有「做人難，難做人」的苦痛，真相的背後往往是自己害了自己。少說話的人就能靜靜地思索，使自己說出來的話更為精彩。

要知道在工作中，永遠都會有那種想要藉機向老闆獻媚的人。而他人對老闆的不滿正好是他們可以利用的臺階，所以，他們就如隔牆的耳朵，讓人覺得如背後的陰風，防不勝防。他們善於打小報告，也會千方百計地尋找材料好去告密，你的議論為他的拍馬屁正好提供了時機，倘若把你的話添枝加葉，傳到上司的耳朵裡，你辛勤工作的成績可能會因幾句牢騷話而抵消殆盡。

所以，在我們對這些人進行譴責和鄙視的同時，做好我們自己，不在背後嘲笑老闆，不要在私下發上司的牢騷，才能從根本上杜絕此種人為非作歹，而我們也不會被暗算。做一個聰明、會說話的人，就要做到以下「三不要」：

（1）不要口無遮攔

說話有分寸，講原則，就是說話分清時候，分清場合，分清對象，是該說還是不該說，說要說到何種程度，只有心裡有張譜，才能在處理人際關係得心應手，社交場合遊刃有餘。在各種場合，能言善道的人，似乎擁有一件強有力的武器，占盡一切便宜。成功的人，並非因為那一張嘴巴而成功。但是，失敗的人，完全可以因為那一張嘴而失敗。說話不講分寸，遇事魯莽不理智，一說起來就口無遮攔，煞不住車，那麼極有可能在不知不覺中被別人當作小道消息「進獻」給你抱怨、嘲笑的對象，得罪了人就是自討苦吃了。

（2）不要在同事面前傾述對上司的不滿

即使你被上司發了一通火，也不能向同事傾訴你的苦衷和對上司的不滿，這樣做是很危險的。因為你的同事是你的競爭對手，他隨時可能把你的牢騷報告給上司。就算你那位同事夠朋友，守口如瓶，但也難保別人不會偷聽到。

暗箭難防，競爭的狀況下你不小心就很容易被別人吃定。所以「害人之心不可有，防人之心不可無」。在同事面前批評嘲笑上司，無疑是自丟把柄給別人。掌握說話的分寸和學問，對於嘲笑老闆的話少說為妙，這是在社會上立足不可缺少的條件。

（3）不要做精中傻

人人都會想表現精明，但是切不可在職場中，尤其是批評嘲笑上司的時候逞強。你的義憤填膺只會如了那些小人的願，他們看似支持你，和你站在統一戰線，殊不知是在誘導你。或者你以為別人都不如你聰明，為了顯示自己的真知灼見，對上司進行大肆的嘲諷，殊不知真正傻、真正被玩弄的人是自己。

他人看似愚笨，實則精明。而自己明哲保身的好方法就是寧做傻中精，不做精中傻。不做雞頭，不逞強，不矜功自誇，才可以很好地保護自己。

【讀心術】

　　小人是琢磨別人的專家，令人防不勝防，說不定什麼時候就會在背後給你一刀，這是小人的可怕之處。隔牆有耳，總會有人抓住你無意識的言論。所以，只有潔身自愛，少對上司發牢騷，才能讓這些人敬而遠之，不會成為自己成功的障礙。

## 第五章 辦事的韜略

## ——人情歸人情，事情歸事情

　　康得曾經針對人生的追求提出了四個問題，他認為人欲成功，需經過四步自我審視，也就是自己是誰，想要做什麼，能做什麼，怎麼去做。大多數人都可以確定前三步，第四步具體的實施和辦事方法就不是每一個人都能把握的，因為辦事要有辦事的韜略。

　　做事成功的要訣就如同鑰匙開鎖的道理一樣，如果你不能準確把握辦事的韜略，因人因事制宜，那麼一定無法打開成功之門。所以，職場中會辦事是很重要的，因為只有辦事得體、做事到位才能收到良好的效果。而在職場中不可忽視的一條辦事韜略就是，絕不能把人情和事情混為一談。將人情和事情區分開，然後以絕對的專注和精力投入到工作中。只有如此，方能出效率、出成績、有出路。

# *1*·勇挑重擔，才能脫穎而出

　　工作中經常會出現一些意外和危機，這也正是平凡的人進階的大好時機。個人能夠抓住這樣的機會，解決的不僅是危機，還是自己職場中要奮鬥的慢慢征程。從此一遭脫穎而出，必定會面向更加廣闊的發展空間，更好的施展才幹。

　　麥森雖然是德國的一個小鎮，卻有「歐洲瓷都」的美譽，麥森的陶瓷製品世界聞名。與這裡的陶瓷一樣聞名的還有一個人，他叫貝特格。30多年前，貝特格卻是麥森陶瓷廠的一位普通的垃圾清運工。

　　當初，麥森陶瓷廠的技師叫普塞，他是一位義大利人。麥森陶瓷廠的生意完全靠普賽及他的幾個徒弟支撐。一天，廠方因為跟普塞意見不合而發生爭執，普塞一怒之下便帶著自己的弟子回到義大利。

　　麥森陶瓷廠因找不到好的技師而被迫停產。廠長急得猶如熱鍋上的螞蟻。就在這時，清潔工貝特格站出來向廠領導說：「能不能讓我試試？」

　　廠長的頭搖成了撥浪鼓：「就憑你？一個普通的垃圾清運工也想幹技師的工作，這怎麼可能呢？」

　　貝特格為了證實自己不是在開玩笑，於是便從家裡拿來自己燒製的一個花瓶，一本正經地對廠長說：「您看看這個花瓶，它跟咱們廠的產品相比怎麼樣？」

　　所有人看後，個個目瞪口呆，不約而同地問：「它真的是你燒製的？」

貝特格堅定地點點頭：「是的。」

原來，這個在廠裡幹了近十年的垃圾清運工，居然每天都在偷學普塞的手藝，連廠方正式派去跟普塞學藝的工作人員都沒能學到的東西，卻被貝特格全部學會了。

廠長問貝特格：「你有什麼要求，儘管提。」

貝特格淡淡地說：「我現在的薪水是每月20歐元，能不能給我提高到每月30歐元？」貝特格怕廠長不答應他的要求，便趕緊解釋道：「我依然還做我的垃圾清運工，我可以兼職做技師，因為我的母親患有嚴重的哮喘病，每月需要10歐元的醫藥費，而我的薪水只夠全家人的生活費。」

原來，貝特格非常羨慕那些學徒工，他們每月可以拿30歐元的薪水，而自己則只能拿到20歐元。為了向學徒工看齊，更為了母親的醫療費用，於是他便偷偷地學起了燒製陶瓷的手藝。

廠長聽了貝特格的解釋，馬上說：「只要你能夠做得跟普塞一樣好，你不但可以不再幹運垃圾的活兒，而且從現在開始，你的月薪跟普塞一樣，每月10000歐元。」

在貝特格的技術指導下，麥森陶瓷廠終於又開始運轉了。貝特格，這位當初的垃圾清運工，做夢也沒有想到能拿這麼高的薪水。現在的麥森已成德國陶器重鎮，而貝特格的名氣也遠遠地超過了義大利任何一位頂級技師。

面對機遇和挑戰，有人堅持有人放棄，有人承擔有人退縮。經過洗禮和淘汰留下的必是堅持到底、勇於擔重任的人。我們崇尚堅持不懈的勇氣和決絕，也讚嘆勇挑眾人之人的膽識和能耐。我們始終要記住的是，付出與回報永遠是成正比的，付出越多，收穫也就越多。越是危難時刻越勇敢

的肩膀，承擔的越多，受到的回饋也就越多。

雖然很多人都是奔著名和利更加地投入工作，畢竟都要生活，但是生活是一種人生的姿勢，當工作成為了生活中不可或缺的一部分的時候，我們也要拿對生活的態度來對待它，將它看作一種生活的姿勢。那麼，一切事情都會顯得充滿合理性和熱情，漸漸的就會做得更好。

所以，要明白，工作中危難時刻勇挑重擔有它獨特的好處，可以幫助我們：

（1）端正生活的態度

當一切正當合理有意義的行為對我們的生活和生命來說，已經是必不可少的時候，我們就要認真地對待，工作更是如此。想要在工作上做出更大的成就，獲得更多的成功，或是引起領導的重視，提升發展的空間，那麼，危難時刻對別人來說是危是難，那麼對你來說就要是機會，是需要認真對待、努力爭取的嚮往。

要知道，無論懷著什麼樣的目的、目標，做得更好都是有益的。必要的付出是為了更好的獲得。當我們面臨人生選擇時，必須學會放棄一些東西，也必須要承擔起一些東西。雖然放棄並不一定意味著失敗，但是不去爭取和承擔意味著一定不會脫穎而出，獲得成功。這是一種辦事的智慧，也是一種理性的前進。

（2）正視工作的意義

更加有意義，能讓自己少些負擔和壓力的方法還是放下工作對你來說所形成的一切包袱。讓一切從輕從簡，將工作以及工作中會遇到的種種情況當作是一種必然，用平常心對待，才是我們自己對自己的最大饋贈。

下得了決心，才能成得了事業。危難時刻，勇挑重擔可以讓領導看到

你不畏艱險的毅力，對工作的熱情以及展現的能力。下屬也最佩服這樣的上司，明君自然有人擁護，那麼明主也不乏跟隨者。勇於承擔責任，不僅可以贏得名利，實現人生的成就感，還是對自己生命的尊重，而不是浪費在無價值的掙扎中。

（3）提升自我的修養

當你從不知進取的時候，整個人都缺乏熱情和活力。當你有心去做大事卻總是不善於抓住機會時，你最多的時候都是在懊悔和自責。這樣的人生面貌只是在逐漸的埋沒自我。不是工作成就不了個人，是個人能否成就工作當中的你。

面對機遇，危難時刻，輕易的逃避和放棄是懦夫所為。勇於承擔的人會在自我激勵和堅持中不斷的錘鍊自己，能力、心境、面貌各個方面都會得到不斷的完善。我們會在責任中找到自我提升、自我修養的力量，最終找到心中嚮往的那個自我。

不怕環境如何的不盡如人意，也不怕跌跌撞撞。盡心盡力地把工作做好，危難時刻勇挑重擔，講求辦事的韜略，才能達到理想的辦事效果。聰明人會借時機辦成事，得到認同和認可，讓自己在脫穎而出中實現飛躍。相反，不夠聰明的人儘管做法各異，但是缺少了應具備的承擔精神，無論怎樣都難以實現突破。所以多向前者學習借鑑有利無害。

【讀心術】

　　危難時刻也是一種機遇，是體現人的才能和膽識的時刻。成功的人往往有一雙銳利的眼睛，在機遇面前能抓住稍縱即逝的關鍵時刻，及時取捨，憑藉這一新的決策改變他們未來的整個人生，使他們的事業如朝陽一樣永遠不落。因此，當他能夠在機遇面前敢於取捨的時候，也就是脫穎而出成就龍鳳的時候。

# 2 · 先當好士兵才能當元帥

職場晉升之路並不是暢通無阻，做不好士兵的人永遠夠不到元帥的邊際。成功的人都懂得，要想當元帥先當好士兵，想做老總首先要做個好員工。做好任何自己應當作到的事情，才會預示出成功。只有比別人多付出，老闆才會更器重，真所謂「先當好士兵才能做元帥」。

王芳在一家貿易公司的技術部，拿著一份不高也不低卻非常穩定的薪水。因為急需用錢，所以她夢想成為銷售人員，既可以在商場上體會攻城掠地的刺激，又有機會賺錢。不久，機會來了。一家國際公司在巴黎設辦事處，急需用人。她投其所好，編造了一段銷售經歷，並從朋友那裡現學了一套管道銷售策略。最後因為老闆忙的焦頭爛額，王芳幸運的被錄用。

可是上班第一天，王芳就要為謊言付出代價——她聽不懂老闆說的話。那些銷售術語聞所未聞，又不敢問，只能趁周圍沒人的時候給朋友打電話求救。因為聽不懂，不能迅速反應，她幾乎天天挨罵。每天回家，王芳都對著牆喊：「做不下去了！」她只有一個念頭：堅持到轉正就辭職，再去別處應聘就真有銷售工作的背景了。

所以，王芳每天回家練習那些銷售術語，3個月後王芳轉正時，發現那些銷售術語已明白了七八成，她知道她應該不必用這個藉口辭職。看在錢的面子上，她勸自己再堅持一段時間。她把全部精力放在銷售業績上，也開始了一生中最慘烈的職業生涯。每天離開公司，她都認為自己不會回去了，但第二天，卻又穿好西服坐在辦公桌前。王芳告訴自己忍耐是有價值

的：在老闆的罵聲中她學到了新東西。如果堅持一年，她就是個有經驗的銷售了！

一年期滿，拿到一筆數額不小的年終獎金後，王芳決定走人。沒想到，這時老闆居然通知她，公司要招聘新人，她將成為銷售小組組長。她又一次說服自己留下，而這時突然發現，因為她的飛速成長，老闆開始倚重她。

3個月後，公司和另一家公司合併，老闆離開，她卻因為在她手下鍛鍊出來的能力而被新主管看重，至今愉快地做銷售經理，身價不斷提高。回想王芳走過的每一步，幾乎都是「不可能」的，但最後都變成了「可能」，原因就在於她即使不喜歡這個老闆，但是她能夠試著從老闆身上學到東西，不斷的豐富自己，讓自己不斷地當好士兵，一步步向元帥之路邁進。

當我們在員工和下屬的崗位上時，一直想著不斷地完善自己的知識體系，增強自己的業務能力，並為之不斷付出努力、不斷實踐的時候，我們其實是在像元帥和領導看齊。由此，將我們打造成更好的士兵和下屬，用作元帥和領導的素質和能力來要求自己，磨練自己。當我們做士兵做的越來越出色越拿手的時候，事實上我們已經具備了做元帥的資質和能力。

應該說並不是每一個士兵都想當元帥，但卻沒有一個下屬不想當領導，不想成為上司。但是，這個時代對於大多數人來說，沒有什麼資本是與生俱來的，也沒有什麼獲得是不費吹灰之力的。即使有些小聰明、小才氣，所有的也都要經過自己的努力才能實現。

在職場中經常會有這種現象：一些非常聰明、學歷很高的員工，卻未能受到老闆的重用，成為工作中的平庸之人甚至是失敗者；而令他們費解的是，那些學歷沒他們高，腦子比他們笨的人卻出人意料地爬到了自己頭

上。造成這種情況的原因是什麼呢？其實很簡單，那些天生有優勢的人總是在想辦法少做一點工作。而那些看似笨的人一直在爭取著笨鳥先飛。

只有辦事辦的好才能體現一個人的價值，所以我們必須掌握一些必要的辦事韜略。事業上一定要成功，那麼必須堅守一些原則來做指導：

（1）人人都有機會

永遠都別說「不可能」。對任何成功的渴求和嚮往，都是激勵我們的武器。在行動前，行動中，我們一定要不停的對自己說：人人都有機會，我也有；人人都能成功，我更能。得意時，失落時，都要夠大聲，有底氣，有信心的對自己說。即使是將自己用「人人皆能」的意識催眠，你也要摒棄不可能的思維，有理由相信不可能代表著倒退，只有可能代表著前進。

（2）做好本職是基本

成功決非朝夕之事，而是由眾多的小成就堆積起來的，只要工作本身有意義，對事業有好處，那就值得你進最大的努力去把它做好。應該牢記：任何人都不可能一步登天，但我們可以逐漸達到目標，一步又一步，一天又一天。不要以為自己的步伐太慢，無足輕重，重要的是每一步都踏得穩。

無論從事何種工作，工作的態度都異常重要。工作的態度要比能力和學位更加重要，它最終決定了工作成就的大小。因此，無論我們面對什麼樣的老闆，身在什麼公司，我們都應該想辦法多做一些事情；無論我們做什麼事情，都應該盡可能創造更多價值來體現自身的水準。

（3）想要成功還要更好

芸芸眾生，有誰不想脫穎而出，獲得晉升？晉升不僅意味著你的帳戶上每月將增添幾張鈔票，更代表著你的價值得到了老闆或上司的肯定。當

大家都在相信我能，不斷做好的同時，你做的更好才更有機會。

更好的標準不是大家都好你就可以了，而是打擊同樣好的時候一切都自然歸零了，你在此基礎上再邁出一步才叫貨真價實的更好。所以，當我們用我們的最高的追求來實現自我價值的時候，更容易達到更好，能有一番自己的事業。

當好士兵不在一招一式，也不是一時的成功所能代表的了的，必須經歷一個過程才算是修成正果。所以，有的人把自己的夢想建立在飄渺的空中樓閣上，而有的人無論工作大小，用心幹好每一件事，用心把握好每一次機會。前者在經過很長時間的打拚後，發現自己什麼也沒得到，因為他們總是在抱怨別人不重視自己；而後者一步一步走來，不急不緩，把每一步都走得很穩，最後他們成功了。

👍【讀心術】

當晉升本身對於大多數人來說就是一種成功的時候，眾多馳騁商場的人士如今的成功都代表著無數的腳踏實地的成長過程。凡是好高騖遠而不踏實工作的員工3，一般只看得到雲彩的燦爛，看不到腳下的陷阱。當好士兵和下屬不僅要當的合格，還要當的出色，超越下屬的本色，才是真正的符合元帥的標準。

# *3*·不討好別人，要贏得他人的尊重

　　我們經常希望得到被認同和被尊重，這是一種站在請求的角度、被動行事的作風。等待太盲目，主動才有效。只有尊重自己的人，才能夠贏得他人的尊重。在這方面，最成功也是最明智的辦事韜略就是不討好別人，而是用實力徹底贏得他人發自真心的尊重。

　　楚洋因為是學生物科技的，所以畢業實習階段，他就通過別人介紹進入一家環保公司的研發部進行實習。由於研發部的同事很多都資歷豐厚，所以相對來說就是前輩。即使一些人不能稱得上是前輩，但是因為比楚洋到公司的早，更何況他還是通過熟人介紹來的，所以自然而然的在楚洋面前端起了前輩對小實習生的態度。

　　對於這種情況，楚洋自然沒幾天就察覺了出來。他知道，如果自己故意去和別人套近乎，不僅得不到他們的信任，反而更加的被他們鄙視。一向樂觀的他認為那是同事們還不瞭解自己，日久見人心，也能見識到自己的真才實料。一次討論會上，他聽說研發部提出了一項很有前景的立項，但是長時間以來一直苦於沒有好的項目和策劃。這時，楚洋猛然想到了自己在學校時，就曾經夢想將來建立一個能讓盡可能多的人受益的環保項目。但是因為還沒有能力去完成，所以一直停留在想像和書面階段。意識到這可能是自己理想和事業上的契機，所以楚洋立刻站出來闡釋了自己的構想。經理聽完後發現這個構想很是貼合公司的理念，所以興奮的讓楚洋盡快做出一份策劃來。

經過廢寢忘食的收集、整理資料，策劃很快浮出水面。當楚洋信心滿滿的將策劃上交以後，沒想到得到了研發部多數同事的不認同，甚至有人很質疑他一個透過關係進入公司的小實習生的能力。在一片片的質疑聲中，楚洋主動請纓要求由自己負責去實施這個專案，包括選址、協調、定位等所有的前期準備，不管多麼艱難，自己一定會向大家證明這個策劃的可行性和可以信賴的前景。

達到目的，不僅為了自己的信念和理想，也為了贏得他人的尊重和信賴。當楚洋排除萬難，將自己獎金四個月的成果用DV展示在大家面前的時候，楚洋贏得的不僅是經理大力支持的肯定，還有同事們由衷的佩服和掌聲。楚洋知道，自己的辛苦和堅持不僅沒有白費，反而是收益大大超過付出。

公司中有這樣的一種經典人物，他們對於任何人拜託他的事情他都說好，結果到後來公司裡的所有雜事都攤到他那裡去了，他自己是為了這些瑣事而整天忙碌，但是別人在後面則會笑話他。

無論我們是不是當事人，我們都會為他抱不平。但是一想根本原因都是他咎由自取的。對於不合適的工作或拜託，或對工作的正確的意見，如果你認為正確的話，你都應該要提出來，不能做個「好好人」，只想討好別人，卻忘記首先尊重自己了，那麼別人怎麼可能尊重你呢！

每個公司都會有好好人，他們對於所有人都笑眯眯，對於所有人的要求礙於面子和交情都不會說「不」。因為他們會覺得不好意思，要不然就會容易得罪人。還有些人做錯了事或是遇到不順心的事，經常只會埋怨，或是指望同事、上級，因為心慌意亂而更加的依靠別人。如果一味地討好他人，事情只會繼續而不會得以解決，你還會失去他人的尊重。

即使在這裡指出了這樣的問題，但是實際工作中還是會難以避免。雖然不能夠對號入座，但是對照自己進行必要的檢視十分必要，有則改之，無則加勉，才能天天向上。如果真的有這種情況，尤其是那種不知不覺間表現出來的，一定要時刻提醒自己，並對照下面的不同階段逐步改觀這種狀況。

（1）不要為自己找藉口

你不被大家認同的時候，以為對同事百般討好他們終會被自己感動，接納自己的想法是職場辦事的一大忌。這樣做只會更加濃墨重彩的向大家說明你需要借討好別人來得到安慰。而且毫無價值的，扎還容易讓我們避重就輕，看不到問題的實質，從而開始為自己和他人找一大堆的理由和藉口開脫。殊不知帶來的不是尊重，反而是更多的嘲笑。

拿破崙·希爾指出：在每一天的生活中，如果你都能夠盡力而為、盡情而活，你就是「第一名」。絕不要為自己找藉口，藉口是果斷的「死敵」，是行動的攔路虎。如果，一個人善於找藉口，那他將一事無成。

只有放棄抱怨和介面，找準自己的目標，專注於自己的事情，贏得別人的尊重是遲早的事情。

（2）實力見真情

對他人的征服不是語言的討好，而是用自己的能力和成績說話，這是贏得尊重的最有效的方式。每一個人都是努力的天使。大家尊重的從來都只是強者，既然都在努力，你不能不比他們強，那麼他們就有不尊重你的資格。只有你比他們強，才能激發出他們對強者的敬重之情。

所以，我們要相信自己的能力，相信自己可以成為讓人敬重的強者。只要下狠功夫，沒有什麼不可能。勇於突破現有工作、能力固有模式的禁

錮,就會擁有極強的生命力,更具極強的競爭力。

(3)我的淡然你的尊重

當你做出成績的時候,即使你很淡然,別人也會尊重你。甚至有時候你越淡然,別人越對你好奇和充滿敬畏。這是一種奇妙的心理映射,只要沒有壞處,拿來用用也無妨。

所以做一個榮辱不驚的人,保持與人的距離,刻意不著痕跡但必須遠離刻意,由此能更增添神秘的色彩。距離不近產生美,在職場中也產生欽佩、敬仰和尊重。所以,寵辱不驚,也是贏得尊重的一種人生境界。

如果你是新進入公司的員工,可能剛開始要得到其他同事的信任,需要討好別人,當然這個是需要的,但是請你不要搞混「謙虛、擺正態度」和「沒有自己主見的好好人」。如果你一味地討好他人沒有一點自己的主見,你會失去他人對你的尊重,在工作中別人也會把你看作是沒有真學問的空瓶。

這個說起來簡單做起來難,有些時候是需要討好人,但是面對重要的事情或重要的業務時,如果你認為你的想法是正確的,你應該堅持,不能一味同意別人的觀點,要有自己的主見。

---

👍【讀心術】

職場中沒有討好就能得到的東西,即使得到了也不會真實、長久。成功者無論在多麼屈辱的環境下,都能耐得住考驗,能屈能伸,因為他們知道,學會努力的增強實力才是關鍵。這是人與人之間辦事的學問,也是自重自助的智慧。

# *4*·越俎代庖讓自己很累，也會四面樹敵

在現代職場中，除了認真工作，努力提高自己的能力之外，還有一些原則是一個人在任何時候都不可忽視、必須遵守的。其中尤為關鍵的一條就是絕不要擅作主張，越俎代庖。在職場中，必須擺正自己的位置，不多管他人的「閒事」，沾染是非，也不做吃力不討好的事，浪費自己的精力和能力，還讓別人以為自己故意顯擺，或是搶他們的飯碗，把自己當作頭號敵人。

文茜作為新人對工作保有一股熱情，所以表現的很積極，做事主動，有股衝勁。由於出身名校，而且一直以來都是學生幹部，能力自然不錯。進入公司不久，就適應了職場的生活，和同事、上司都相處的不錯。她也漸漸的放得開，對於同事的事情，一開始是私下聊天的時候聊到私事，她會發表自己的意見和看法，供同事們參考。同事只以為她是小女孩，剛出校門可能比較愛聊，所以也都沒有在意。

隨著文茜在工作上的成績越來越突出，她對自己的自信力也逐漸上升。以後，遇到同事在工作上的事情，她也會在同事沒有提出的情況下就給自己的建議，有時直接指出同事的不足，讓同事很沒面子。多次以後，很多同事都對她頗有意見，有人還認為她是故意搶功勞、出風頭，將她當成了競爭的對手和敵人，慢慢的和她保持距離。

後來，文茜發現自己做事不再那麼順手，因為同事都用異樣的眼光躲避著自己，沒有幫自己，也沒人和自己交流討論。她不僅決定自己做起事

來越來越累，而且還隱隱有一種危機感。果不其然，不久後上司就找她談話，說以後要學會克制自己，不要干涉他人的事情，而且努力做好自己分內的事才是重中之重，否則影響到大家之間的和睦的話，恐怕她很難再待下去。

工作中多動腦子，積極提出建議當然是好的。同事不僅願意和沒有「野心」的同事保持友好關係，每個開明的領導也都會喜歡這樣的下屬。但是，如果得到了肯定後就心浮氣躁，過於表現自己，對什麼事都喜歡發表一下自己的看法，並熱衷於給別人提出意見和建議，不僅會讓自己很累，還有可能四面樹敵，殃及自己。

在日常工作和生活中，我們常常看到這種現象：下屬由於沒有擺正自己的位置，弄得頂頭上司尤其是那些心胸狹窄的上司很不高興，或是讓自己的同事誤以為自己愛出風頭，搶功勞好機會，最後讓上司和同事都對自己耿耿於懷。於是，那些將你視為敵人的人就開始處處給你「使絆子」，或不動聲色地給你「穿小鞋」。

這些現象在職場中並不少見，很多時候不是別人太心中狹窄聽不進去自己的意見，而是自己沒有注意到自己的言行，讓他人產生一種緊張感和來自你的威脅。這種情況換在任何人身上，他都不會坐以待斃。如果是你，會不會緊張和擔心？揣度、思量然後採取對策？但凡對未來有期待的人都會做出行動。將心比心，要想不被當作敵人，就必須注意自己的言行，不做上司和同事眼中的釘子。

做人做事要盡量放聰明些，學會擺正自己的角色位置，在自己的職位角度上去有節制地出力和做人，切忌輕易「越俎代庖」，做出越位的事情。尤其要注意以下幾個容易越俎代庖的情況：

（1）決策。在有的企業中，職員可以參與公司和本部門的一些決策，這時就應該注意，誰做什麼樣的決策，是有限制的。有些決策，你作為下屬或一般的普通職員可以參與，而有些決策，下屬還是不插言為妙，「沉默是金」，你要視具體情況見機把握。

（2）表態。這是表明人們對某件事的基本態度，表態同一定的身分密切相關。超越了自己的身分，胡亂表態，不僅是不負責任的表現，而且也是無效的。對帶有實質性質問題的表態，應該是由領導或領導授權才行，而有的人作為下屬，卻沒有做到這一點。上級領導沒有表態也沒有授權，他卻搶先表明態度，造成喧賓壓主之勢，這會陷領導於被動，這時，領導當然會很不高興。

（3）工作。這裡面有時確有幾分奧妙，有的人不明白這一點，工作搶著幹，實際上有些工作，本來由上司出現更合適，你卻搶先去做，從而造成工作越位，吃力不討好。

（4）答問。有些問題的答覆，往往需要有相應的權威。作為職員、下屬，明明沒有這種權威，卻要搶先答覆，會給領導造成工作中的干擾，也是不明智之舉。

（5）場合。有些場合，如與客人應酬、參加宴會，也應適當突出領導。有的人作為下屬，張羅得過於積極，比如同客人認識，便搶先上前打招呼，不管領導在不在場。這樣顯示自己太多，顯示領導不夠，往往讓領導不高興。

在工作中，「越俎代庖」對上下級關係有很大影響。下屬的熱情過高，表現過於積極，會導致領導偏離「帥位」，大權旁落，無法實施領導的職責。因此，領導尤其是「武大郎」式的領導，往往會把這視為對自己權力

的侵犯。如果你是下屬，又時不時犯這樣的毛病，領導就會視你為「危險角色」，對你保持一定的警戒，甚至設法來「制裁」你。

如果是同級別間的同事，更加容易因為越俎代庖而傷了和氣，影響同事之間的關係。即使是出於無意或者是好意，這種情緒也不易為人接受。由於你的越俎代庖，影響了他人的工作和職責，你的同事、朋友將遠離你、厭惡你，而你自我感覺的「出人頭地」，也就成了虛幻的顧影自憐。如果不注意的肆意妄為，很可能在不知不覺間豎立起很多的敵人，在暗處形成對自己的威脅和破壞。

生活中，暴躁、性急、不冷靜往往會導致個人出現越俎代庖的現象，從而經常影響我們與周圍人的關係。要想避免這種情況發生，就需清醒的認識到對於辦事的韜略，很多時候人情和事情絕不可以混為一談。正所謂公私分明好辦事，分清楚二者之間的界限將大大有意於個人的處境和辦事效率。

所以，做個有耐心、有韜略的人，努力辦好自己應該辦到的事情。對於辦事的學問，就是把握好進退的尺度，不逃避自己應付的責任，但也絕不越俎代庖，四處樹敵。人生在世，誰都會有想要表現自己的時候，也有需要蟄伏下來的時候，這是韜光養晦，促使自己身心成熟的磨練。說到底，最關鍵的莫過於要沉著地等待時機，不怠不躁，先學會辦事，然後學會如何走向成功。

【讀心術】

　　沒有人願意被他人在暗處與自己較勁兒，因為他在暗自己在明不僅會讓自己應對的很累，還會增加失敗的風險。個人只有注意自己的言行，分別站在上司和同事的立場上考慮問題，體會他們的想法和感受，從而學會克制自己，擺正位置，站在工作的立場上就只堅持工作的原則，不越雷池半步，更容易贏得尊重和擁戴。

# 5·老闆不看過程，要的是結果

　　成功的人在成功之前大多是小人物，此時沒有人關注他們的努力，在乎他們的辛苦。但是，當他們變成成功人士的時候，人們才會喜歡去揭開他們光環背後的過程和辛苦。這樣的事情非常普遍，尤其是每天都有人創造輝煌和成就的職場。如果沒有結果和成功，那麼你的奮鬥歷程就會鮮有人問津，當成功在手、為公司帶來了利益的時候，也就是完成任務和職責的時候。所以，老闆不看過程要結果自己也不例外。

　　王剛是一家投資公司的事業部總監助理，任職六年，一直兢兢業業，對本部門以及其他部門中的問題都積極地獻言獻策。他雷厲風行、高效率地作風讓很多人佩服，公司大部分人都知道事業部有他這樣一位能人。

　　前不久，公司籌備2009年的上市計畫，事業部總監被調任，職位懸空，公司準備在該部門中級崗位的人員中選擇繼任者。在幾位候選人中，大家一致認為無論是從能力還是資歷上，王剛最佔優勢，因此都很看好他，更有一些同事開始稱呼其為「老大」。

　　雖然表面不動聲色，但王剛心裡還是在暗暗自喜。六年的努力終於要登上新的臺階。然而，當人事任命發佈下來時卻出乎大家的意料，專案經理陳鵬被提拔為總監。

　　王剛很是沮喪。丟面子不說，他不明白公司為什麼會選擇一個到公司才三年的人。當然，也許陳鵬的能力不比自己差，但對公司業務規劃的瞭解肯定沒有自己強。對於陳鵬來說，三年的時間裡從策劃主管到專案經

理，現在又被提升為總監，職位和薪水在飛速上升，最後成為一匹殺出的總監黑馬，自然有他的制勝法寶，那就是注重結果、追求結果。

陳鵬深深知道結果相較於過程對於老闆有更大的吸引力和意義。剛進公司時，陳鵬負責專案的行銷、策劃部分。初入公司時，正趕上部門競標一個大客戶的兩個專案。客戶在市場擁有很高的聲譽，接下這兩個項目對提升公司形象有重大的作用，所以集團公司對這兩個專案很重視，應標方案由事業部負責進行。

其中一個專案是公司的專長，比較有把握，而另一個專案則相反，公司沒有專業的執行經驗。在眾多高手面前，事業部的獲勝率較低。於是，公司的指示是盡力爭取，就算拿不到項目也要有出色的表現，給客戶留下好印象。

做一個必敗的項目，還要維持公司的形象，維護好了沒人誇獎，相反，如果評價不好反而會惹惱上司。當時，部門內沒有人敢接。王剛也沒有十足的把握。這時候，善於策劃的陳鵬站了出來，表示願意盡力做好應標工作。

經過四個月的辛苦籌備，當競標結果公佈時，大家都很驚訝。兩個項目都被公司奪得。總公司很是高興，不僅特地舉辦了慶功會，更是直接將還在試用期內的陳鵬提升為專案經理，管理這兩個專案。正是一次次這樣通過努力、不計過程的得失贏得精彩結果，陳鵬最終成為了勝利者。

職場中很多時候並不是資歷等於能力，能力也不代表業績。即使資歷和能力都出眾，沒有業績一切也都是空殼。即使資歷和能力並不出眾，但是做出業績和結果的那一天就是對能力的最好證明。有些資歷較淺、能力不級上層的人，憑藉善於抓住機會，取得讓老闆矚目的結果，反而更容易

在職場競爭中占得上風。

職場沒有單一的評價標準，也沒有恆定不變的資歷能力論。當老闆和公司不得不追求更大利益的時候，他就會越來越重視結果。與客戶談判就要拿下客戶，做專案就要做成做好，即使是做資料等等小事，如果做不成功，拿不出來讓老闆滿意的結果，那麼你的一切努力都是枉費。即使你有天大的理由和障礙，和結果比起來都是藉口，結果的存在直接關係著當事人的能力大小和將來的前途。

這種事情很多職場人都感同身受：因為一項工作沒有做好，自己已經意識到了，也在想辦法補救，但成效還沒有出來，老闆就大發脾氣，深覺委屈的我們忍不住對他的話進行解釋與反駁，很生氣的老闆會說：「我不想聽你解釋，我要的是結果，不要過程」。

即使老闆的這種話讓我們很無語、很無奈，我們也不得不承認和麵對這種現實：當結果對於老闆來說就是目標的時候，對於我們來說則是所付出的努力被肯定、所積澱的能力被認同的憑證，關係著我們的物質保障和前途。任務和過程都不等於結果，只有結果才能換來價值。所以，必須清醒地認識到：

（1）老闆在乎結果勝過過程

上司的主要職責是「管」而不是「幹」，是過問「大」事而不拘泥於小事。實際工作中，大多數事情由下屬承擔。因此做事、做成事是下屬的責任。老闆統管全域，好的結果就意味著是成效，是他的責任和目的。如果下屬不能及時求得結果，那麼他就要從老闆和整體利益的角度進行督促。

俗話說，老闆認功勞，不認苦勞；要結果，不看過程。因為，過程再精彩也沒有什麼用處，費很大力氣和客戶談專案，最終還是一場空，沒有

任何的效益可言，那麼老闆肯定不幹，畢竟每個公司都是想賺錢的，不是福利院。要不然公司沒有收益員工也就沒有薪水。這是一個很簡單又很實在的現實問題。所以，當老闆要的是效益是結果，而不是過程的時候，別說自己多委屈。我們要做的就是去解決問題而不是過多地找理由反駁老闆或和老闆唱反調。

（2）結果對你來說很重要

結果不僅僅是一個狀態，更承受著無法言語的過程。但是這個過程有多努力和辛苦只有你自己知道，唯一能夠讓老闆認可的就是你通過這個過程出來的結果。否則，就代表下屬個人的本分工作沒做好。

一般的，公司的業務有強勢的和弱勢之分，企業不僅需要將現有業務執行完善的人才，也需要擁有創新能力、能夠幫助企業拓展市場、提高競爭力的人才。這樣才能達到更加良性的企業效果。當下屬不能勝任相應的崗位或工作時，那麼強中更有強中手，自然有別人代替你來為老闆贏得結果。當結果變成老闆追求效益必不可少的步驟的時候，它也是下屬不可缺少的謀生、成事的手段和途徑。結果之於下屬有非凡的意義，辦事的能力直接影響著個人前途。

（3）想要更加成功就努力做出結果

結果對於我們來說，一方面，可向領導證明我們能夠挑戰困難，能夠為公司的利益考慮，這是向領導表「忠心」的機會。無論同事抱著什麼樣的心態，但是領導看到的是下屬能夠為其考慮，是一個真正能幫助其執行任務的人。

另一方面，是在給自己成功的機會。機遇往往與風險並存，在職業發展處於上升期的職場人要敢於博弈。即使是職場新人，也可以通過在專

案準備過程中不斷地摸索，形成不拘泥於競爭對手的方法，贏得客戶的認可，也贏得公司高層的認同。

我們努力的過程不容許被忽略，但是結果才是對過程和奮鬥最好的詮釋和銘記。所以，想要更加成功就要努力工作達成目的。

👍【讀心術】

將心比心是化解矛盾和不解，以及啟發人積極進取的經典心法。老闆給薪水，就是要看結果，而不是聽藉口。設身處地的想像成個人是老闆，你付出薪水，你當然也不喜歡的是給不出效益的員工。即使理由千百個，但是老闆永遠不會適應下屬，只有下屬去適應老闆。所以，老闆不看過程追求結果，那麼我們也就幫助他追求結果，這更是一個幫助自己的過程。

# 6·沒有任何老闆喜歡看到員工清閒的樣子

在現代職場，沒有工作做或是工作太清閒的一般都會被認為沒有前途。不僅職場人這麼想，老闆更是這麼想。快馬加鞭地生活，眉頭緊鎖地工作，在競爭日益激烈的今天，對工作一刻都不能倦怠才是真理。要想受到青睞，取得事業的成就，就要抓住忙這一能顯示自我價值的機會。即使不是很清閒，也要適當地表現出忙的樣子。

珮文是一家化工企業的銷售主管，每天忙著出差、見客戶、拉訂單。一天24小時，算上隱形工作的時間，珮文有12小時花在了工作上。今年5月，珮文提前完成了半年銷售計畫，人逢喜事精神爽的珮文給自己放假，上班時間偷偷玩起了遊戲。誰知經理看到後，批評她「安於現狀、不思進取」。珮文頗為委屈：「我為了工作焦慮了幾個月，現在提前完成任務，娛樂一下有何不可？」經理對珮文厲聲呵斥：「我付你薪水是因為你的工作，可不是讓你來玩遊戲的！」挨批的珮文因此想到了企業剝削員工剩餘價值的一套理論：工作中，老闆放在首位的永遠是利益，如何壓榨員工創造剩餘價值！

吸取了教訓，珮文即使在閒暇下來的空當裡，也開始裝忙。這個月，珮文所在的部門再次提前完成全年銷售任務，她藉去上海出差見客戶之機，約見三五好友，順道去崇明島玩了一遭。回來的時候，拿著從好友那裡搜羅來的一疊名片，告訴經理我去約見客戶了。珮文的鬼主意在老闆眼皮底下瞞天過海，還受到了老闆的表揚。眼看著年度優秀員工評選，自己

榜上有名，珮文不由感慨：我平時忙的時候一點休息時間都沒有，現在有時間閒下來了，卻也不能表現出來，否則老闆只看到你的閒，看不到你的忙。

生活的腳步越來越快，上班的步伐更快。匆匆的步履是繁忙生活的一個標誌，而在競爭激烈的職場，我很忙不僅是許多職場人士的口頭禪，更是必不可少的職場保護傘。不忙的人彷彿是沒有上進心，或者是有可能淪落為職場邊緣人。

週一到週五，忙著打電話、接見客戶、處理資料。工作時間內，所有這些事情都是我們必須完成的，即使是忙的連軸轉，累的昏天暗地，在老闆看來都是必需的，而且這樣才說明了你在工作，在用心地工作。而一旦你閒下來了，老闆就會懷疑你怎麼會沒有事情做：是他這個老闆給你的工作太少還是你這個下屬偷懶，亦或是能力不行不知道該做什麼？

站在老闆的角度講，他肯定前一種可能性的機率微乎其微。他不會認為自己沒有給你足夠的工作量，而且他沒有義務對你的工作面面俱到。所以，那問題就在你身上了。第一感覺肯定是有人偷懶了，來上班不是讓下屬找清閒的，要不然薪水豈不是白髮了。當他把這個感覺結合你的清閒逐漸轉化成他的看法時，問題就會愈加的明顯和嚴重。這個時候，他對下屬的印象也就立刻大打折扣。

反之，如果他看到下屬工作量大時忙忙碌碌，工作安排緊湊，盡心盡力；工作量小時也是有條不紊的開展著自己的工作，那麼他就知道下屬在為工作、為公司盡心盡力，這個時候的感覺和印象從一開始就是好的，而且會越來越好。所以，避免閒時真的太清閒是必要的，有時候裝裝忙、表現出點忙的樣子也未嘗不可。

　　簡簡單單、真真實實本身並沒有錯，關鍵是社會關係複雜，人的認知更複雜。要想在待人處事方面獲得成功，在老闆面前留下好印象，就要懂得偽裝自己，以防被人看扁影響前程。就像很多人不理解，為什麼一些人，明明在大家看來就屬於無所事事之類，卻還可以位居高位，而自己一天到晚都在忙，都為公司這個事情煩惱為公司那個同事擔憂的「先天下之憂，後天下之樂」的「偉人」還在奔波。

　　這其實就藏著辦事的韜略在裡面。那些無所事事的他一直都在做，我們知道他其實沒在做什麼，但是老闆卻看到了他一直在做事的身影；我們一直在忙，很容易給老闆留下對工作安排不力、辦事能力不足的印象。而且越是忙的人忙完了越容易放鬆自己，以為是忙碌後的安慰，要讓自己徹底的放鬆，沒想到反而給老闆留下無所事事的印象。

　　從某種角度上來說，為人處世和工作也是一場戰爭。在這場戰爭中，為了求生存，必須要有慎重的生活方式和態度，這樣才不至於吃大虧。當然，為人並不需要自己去欺騙別人，但是，有時候善意的偽裝也還是有必要的，而且是勢在必行。

　　工作中，忙而不亂的人，會把時間安排得更為緊湊。他們也許有些累，但他們會感到充實，同時目標明確，身心愉快。不管你是不是備受老闆青睞的好員工，加入「裝忙族」的行列是好處多多。但是，在現代職場中，想要巧妙地偽裝成大忙，必須有所節制，毀了「一世英名」可不好。因此，參考以下幾點有助於職場裝忙路：

　　（1）專注工作是第一位的

　　工作不僅僅是一種謀生手段，更應該是一種樂趣，只有當我們真正地投入到工作中去，甚至會為它癡迷，這時所有的困難都會變得輕鬆起來，

因為工作已經成為一種快樂和享受。而工作的時候也就是我們真正開心的時刻。

比爾・蓋茲說：「一名優秀員工應該熱愛自己的工作，根據崗位職責做好本職工作的同時，能幹一行、鑽一行、專一行。」這其實說的是一種專注的精神。專注地工作，快樂地工作。不僅我們自己能夠體會到其中的樂趣和成就感，上司同樣能夠觀察到我們的努力和積極的心態。當我們把本職的工作做到最好時，我們就會是職場的常勝將軍。

（2）工作安排有理有節

當我們對工作只知道埋頭去做，只想著快點做完而不給工作進行合理規劃的時候，我們就會發現時間好像永遠不夠用，工作也有永遠做不完的事；當沒日沒夜地終於完成時又閒的無所事事，不僅自己覺得無聊，老闆看著自己也難受。當循著這種沒有規劃的步驟工作時，很容易陷入一種極端忙碌又極端無聊的生活工作狀態，也很容易讓上司產生不夠積極、勤奮的想法。

雖然說工作量大時我們顧不得想其他，花盡大量的時間、盡量高效率地完成任務時應該的，但是沒事做時就真的不做事就不應該了。有點空閒雖然是忙碌中很合理的情況，但是在老闆那就很可能不合情理了。所以，不會造成工作忙時太忙、閒時沒事幹的局面的最好方法就是對工作進行合理的計畫和安排。

從接受工作到預定完工日期，從總體到細節，讓人們能夠結合自己時間和工作要求的實際情況，快速定位，合理安排，減少不必要的時間和精力浪費，也使總體生活和工作達到最優化運轉成為可能。有理有節，才不會忙的措手不及，閒得發慌。

（3）忙不亂，閒不見

老闆絕對不允許自己手下有混清閒的員工，這是必然的真理。在安排工作量時，要堅持先重後輕，先急後緩的原則。通過初步的規劃，先做要緊事，必做之事，同時還能排除那些不必要的事，置後那些無關緊要的事情。真的需要趕工作很忙的時候，做的都是重要的事情。當時間充裕的時候，在做那些置後的事情，還有時間也可以做做那些之前看似不必要的。

總之，一定要保證自己忙的時候有充足的時間和精力做對、做足那些真正要緊的工作，等到時間更寬裕時也會有事可做，不至於老闆天天看到你閒，心中覺得辦事能力不足，甚至以此對工作挑三揀四，還動不動轉嫁自己的不滿，藉機雞蛋裡面挑骨頭，讓自己受了委屈卻無法辯解。

👍【讀心術】

隨著時代和觀念的發展，工作中的制勝招數也會變幻無窮。應運而生的裝忙就是一大趨勢，這是為了應付職場變故不得已的手段。善意的、適當的裝忙可以，對自己和事業都會有所推進，但是如果毫無節制、甚至是有工作不做反倒拿無關緊要的事來充忙那就得不償失了，瞎忙卻忙不出個道理和成績，搞不好還會搬起石頭砸自己的腳。所以，凡事有利有弊，就看我們在做的過程中如何取捨和節制。

# 7‧千萬別把問題推給上司

下屬是負責辦事和解決問題，但是下屬不是機器不會思考，而是我有主動權和主觀能動性的個人。工作也不是為了他人，問題的解決是辦事能力的展現，成大事的基礎。想要工作有起色，就要學會解決問題，而非依靠他人尤其是上司來幫助解決問題。

領導有事臨時出去，公司裡暫時由小李代勞。恰在此時，公司正在極力爭取的一大客戶到訪，小李一看對方是大客戶，對公司及其重要，於是火速向領導求救。當領導風風火火從外面另一個客戶那裡匆忙脫身趕回後，一詢問才知道對方原來是想要上次洽談過程中比較詳細的資料。而這些資料正好是由小李保管的。他本可以自己全權負責接待，並給對方一份完整的資料。沒想到的是，他就因為這麼點小事就將領導十萬火急的「召回」，害得領導不得不與另外一客戶暫時中斷見面機會，回來幫他處理事情。領導看著小李，真的覺得很無奈，覺得自己怎麼會有這麼個下屬。所以免不了火氣大的對小李大發脾氣。

其實，領導的無奈也是有道理的。離開一會兒，就這麼沒有主見，反而將問題推給上司的下屬，讓自己如何去信任。此時，領導一定會覺得下屬不僅僅是小題大作，辦事不力，更可能是沒有能力。一次這樣的事情，就足以讓領導對下屬產生失望。

所以，當你力所能及的時候，一定不要將問題推給上司。作為下屬，當然沒有絕對的決定權，很多事情都需要請示。該請示時就請示，該是自

己份內的工作，就一定要果斷處理，絕不要有事亂請求，小事也要依賴上司。要知道，對於分內的事你也有權力，也可以正確地用權充分發揮自己的主觀能動性和創造性，在關鍵時刻主動替上司攬事。大膽處埋，承擔責任，也會有利於密切彼此的關係。

對於上司和自己的角色定位、職責分配，一定要有清醒的認識，才好積極應對，辦事有方。

（1）上司只需總攬全域

上司是整個團隊的核心人物，下屬對上司發揮輔佐作用。因此，在工作中的各個層面，下屬都要尊重上司的權威性，支援上司的工作，這是對下屬提出的最基本的要求，是下屬的職責，也是與上司搞好關係的前提。

下屬只有擺正與上司的位置和角色定位，設身處地為上司著想，當好上司的參謀，在需要時勇於為上司分擔，才能搞好與上司的關係。下屬對上司的尊重、支援和配合，要從有利於工作的開展來考慮、來認識，這樣才能夠使兩者之間的合作建立在牢固的基礎上。

認識到上司和下屬的總體職責方向後，下屬要盡量要做到對上司的工作要給予支援、尊重和配合，明確自己的職責和分內事。當然，尊重拒絕阿諛奉承，才能端平心態，配合默契，保證工作的順利進行。

（2）積極主動是你的分內事

任何時候，對待工作積極主動是取悅上司的最佳表現，表明了一個人的心態積極、行為主動，在工作便能首先贏得主動權。積極主動也是一種責任和權力。你有權自主，而非都讓別人替你做決定。

一般來說，上司主管全面工作，下屬主管某一方面的工作。但在實際工作中，特別是分工不明確的情況下，下屬往往會有顧慮，怕問題拿不

準，一旦錯了承擔不起責任，或是出力不討好，顧忌別人，會說自己獻殷勤，討好上司之類的話。因此事事小心，處處謹慎，做事保守，不敢越雷池一步。

這種做法顯然已經不適合職場的競爭。畏首畏尾，容易受別人影響的人，往往無法調整自己的心態，找到並實現真實的自我。成功的人，有主見的人，他們善於用自己頑強的意志、積極的心態去調節自己的人生，他們往往能夠更好地、積極主動地做成自己分內的事，用信心贏得尊重和稱讚。

所以，在難題面前要善於主動解圍。不僅要主動出面，承擔責任，還要主動為上司化解矛盾和危機，為他排憂解難。大部分的時候我們可以自己做選擇。勇敢地為自己做決定，不要讓別人承擔你的成敗，不要讓別人決定你的一生。積極主動才是我們應該堅信的事實。

（3）做事靈活有眼色是生存的智慧

服從是天職，但是卻只限於有限的服從，而且服從絕不等於盲從。下屬雖然主管某個特定或某幾項工作，但這並不是說下屬必須事事都要向上司請示，不能過問全域性的工作。在上司考慮問題不周面，或不在場的情況下，下屬不但要敢於直言，善於提出自己的補充、修正意見，幫助上司做出正確決策，而且要發揮替補作用，在應當的範圍內自己做決定，積極主動地出面解決。

下屬作為上司的助手，處處要為上司考慮。但是，按上司的意見辦事，不僅只能執行正確的意見，還要具體問題具體分析，靈活應對才能真正的辦好事情。因此，在工作中，下屬一定做好幾個關鍵點：a.在上司沒有分配工作任務之前，下屬要主動出擊；b.在上司決策有疏漏或失誤時，要主

動提出，尋求彌補方案，避免一損俱損；c.具體問題具體分析，服從的前提下也要做出自己的能力和特色。

（4）獨立自主踏上成功之路

當出現了問題，不是把問題推給上司，而應是自己接過來用自己的大腦多思考，自己解決自己的問題。

這個過程是你完全自由且可以獨立自主的過程。你可以讓自己的思路盡情的馳騁，讓大腦飛轉起來，也可以結合先前的累積，集思廣益，博採眾長，總之，此時一切都靠你了。

如果完成的好，那麼離功成名就的日子就不遠。如果你一開始就那問題反問上司，這種期待上司幫你解決的行為不僅是可笑的，而且是愚蠢的。如果還要上司來解決，那麼要我們來做什麼呢？只是為了將問題推給上司？恐怕沒有一個上司會願意留下這樣的下屬。

所以，當你發現問題時，只有拋棄身邊的每一根拐杖，破釜沉舟，依靠自己，才能贏得最後的勝利。我們活在這個世上，不能沒有獨立，而這一切又都只能靠你自己，因為我們自己就是我們自己的生存環境。

成功在望，就看我們是將它推開還是一舉拿下。

👍【讀心術】

解決問題的能力不僅考驗一個人的辦事能力，也考驗個人對於職場環境的透析程度，以及維護上下級關係的熟練程度。能力往往與關係的好壞和穩固程度相關，下屬為上司辦事，沒有能力那麼也就沒有良好融洽的關係，那麼一切就免談。

# *8*·放棄「我做不了」，選擇主動請纓

　　能夠辦成大事的人，不僅能夠做到公私分明，還會注重摒棄過多的個人消極因素在工作當中。所以即使他們剛開始起步時很艱難，他們也總是在自我肯定、自我激勵中抓住機會，放棄任何「我做不了」的念頭，選擇主動請纓然後全力以赴，能者成，不成也收穫經驗。所以，注定他們早晚走向成功。

　　當傑克剛剛大學畢業就加入了MAX公司，史密斯是他第一任老闆。MAX是一家很小的IT公司，傑克在那裡負責一些路由器的調試和維修。稱其為IT公司實在是有些言過其實，實際上只不過是一個小得不能再小的電子元件貿易商。

　　傑克上班的第一天就聽到了一個關於史密斯的笑話。據說在公司剛剛開始運行時，史密斯想買幾部筆記型電腦裝裝門面，但是，他又怕員工們會把筆記本帶回家，做一些其他的用途。於是，這位老兄把筆記本都裝上了螺絲釘擰在桌子上。聽完這個笑話讓傑克笑了一下午，這個老闆可是真夠嗆；但是，傑克回頭又感到自己很悲哀，難道自己真的要在這個蠢蛋的指手畫腳下工作嗎？！只為了一個月的兩千塊？！

　　一天，史密斯招呼傑克到他的辦公室。他遞給傑克一份招投標的合同，是為一個電網做智慧化改造。這可不是一件小事，如果成功這將意味著近千萬的進項。可是，電網不是他們的長項，智慧化不是他們的長項，這是NG公司的長項。看著這份招投標合同，傑克確信所有關於史密斯愚蠢

的傳言是對的。他想，他絕對是一個十足的笨蛋、一個十足的自大狂，想打擊對手想瘋了，竟然用我們的雞蛋去碰別人的石頭。

不過，在深思熟慮後傑克還是接受了這個「不可能的任務」，他覺得既然有機會就要去嘗試，即使努力過後沒有成功，那麼老闆也不會拿自己怎麼樣。所以，他主動找史密斯承擔了這項任務。

在經過了一周的努力，差點把自己變成電子博士和智慧化工業碩士前，傑克搞出了一份完美的投標方案。在這個方案裡，既彰顯了他們的優勢，又對NG公司業務方面的漏洞給了重擊。可是，當傑克把方案交給史密斯時，他只是把它放在文件堆裡，說了一句：「你幹得不錯。」

這以後就是艱難而漫長的商務談判。儘管傑克努力說服電力公司的人，但是結果還是和預想的一致，NG公司勝出。得到投標失敗的那個下午實在是昏暗得不得了，傑克真想衝進史密斯的辦公室在他臉上給一拳：「完全是因為你的愚蠢，導致了我的失敗。」

這時，史密斯悄悄走到傑克的身後，拍了拍他的肩膀，說：「小夥子，你幹得真的不錯！」說完，他對在場的所有人大聲宣佈：「我們贏得了一單大合同，州交通管理局網路系統建設。」這個好消息讓同事們激動不已，他們站起來鼓掌。史密斯把傑克從座位上拉了起來，「他是我們最好的戰士，是他在電網改造的談判上拖住了NG公司，並且他所做出的關於我們的優勢分析和NG的劣勢分析，幫了我們的大忙！把所有掌聲都給他吧，我們幹得真不錯！」

傑克突然意識到，自己雖然沒有把自己承擔下來的任務完成，但是自己卻完成了這次的選擇和轉機，這才是自己真正勝利的地方。

很多人在面臨工作當中的任務時，都會有自己的主觀判斷。要嘛認為

工作難，自己沒有足夠的能力和時間、精力等等去完成，所以從一開始就出現了自我消極和退縮的心理，然後直接反映到行為上，猶豫不決卻又不得不小心翼翼的地上司說「我做不了」。

要嘛就是覺得老闆思想愚蠢、行動愚蠢、處理問題不公平、不實事求是……橫豎看他不順眼，甚至不樂意和老闆合作。在這種情況下，不把工作當成是自己的，認為是在為老闆工作，會很不屑又心帶嘲弄的說「我做不了」。無論哪一種情況，只要說出「我做不了」，就會讓我們陷入尷尬和糟糕的境地。「做不了」，否定的不僅僅是老闆的眼光，還有我們自己的能力。即使你很忙，當上司給了這樣的任務，那麼你就有責任合理地分配自己的時間，將工作分出個輕重緩急，再一一處理。合理規劃自己的時間和工作進程，有新項目時能夠積極應對，這是每一個職場中人辦事必須具備的能力。

當手邊的工作堆得像山一樣高的時候，難免會讓人喘不過氣來。但換個角度想，若不是碰到特殊狀況，就是上司認為你還做得來。能力不佳的人是不會有一大堆工作可做的。試想，如果下屬沒有任何辦事能力，上司會交給他工作嗎？當然不會。當上司給你任務時，那就說明這既是一種信任，更是一場考驗。如果推脫不幹，喪失的不僅是展現自我的時機，也是接受考驗提升自己的機會。

所以，遇事先別急著否決，明白了這其中的因果利害，調整好心態，才可做出及時有效的應對。

（1）老闆之於下屬

老闆存在的價值不僅僅是給下屬發薪水，更多的時候是體現在相處和工作的這個過程當中，知遇、信任、激勵、提拔甚至是反面的刺激，都是不

可缺少的個人價值催化劑。所以當有任務輪到你，那麼你就不得不揣摩清除老闆的心思。

首先，老闆做出一些愚蠢的決定是有可能的。但是，如果他每做出十個決定其中有一半是愚蠢錯誤的話，那麼他就應該破產了。如果你真的感覺老闆派給的工作大部分是愚蠢的工作，那麼這就該認真考慮了。面臨這樣的情況，要嘛服從，要嘛溝通。

作為員工，一定要明白一件事，做老闆講究的是綜合素質，而不是專能。或許老闆在很多方面不如你，但畢竟也只是在某些方面而已。老闆精通的是抓全域，何必做到樣樣精通。即使在一個部門中，你也不可能完全熟悉每一個流程和環節。再說，人家坐得比你高，自然有理由。只有所短，寸有所長。你的功夫多半比不上他的一技之長，或者他的綜合素質勝你一籌，至少你的經驗閱歷略遜他幾分。

其次，如果老闆是有意識要考察你的話，那麼應該說，他對你的能力和水準是瞭解的，對你能否完成任務，也是心中有數的。上司最不喜歡聽到屬下在接受任務時說『NO』，而只愛聽他們說『Yes』。每當有工作要交給屬下處理時，上司都希望屬下愉快地接受，然後說一句『OK！我一定會盡快辦好！』」這時，你的上司心裡就會有一種滿意感、解脫感，進而還會因為你能為他分擔重任對你產生謝意和更深的信任。

每一件工作都有難度，特別是重要的工作，難度更大。正因為如此，才需要人們去完成。如果一個人，在接受任務時支支吾吾，猶豫不決，或者認為此項工作難度太大連接受工作的勇氣都沒有，這樣的人缺乏解決困難的信心，只會給老闆留下沒有上進心，怕負責任等等印象。這樣就不能贏得老闆的信任。

（2）自我肯定與否定

瞭解了老闆的心意和脾氣，就應該知道如何的應對，如何做才能令上司滿意。有工作，就不要過多地去想完成這項任務會如何如何困難，更沒有必要現在就擔心我一旦完不成會如何等等。你要牢記「事在人為」的道理和「有志者事竟成」的箴言，你還要明白你的上司不會無緣無故地將任務交給你。

不在肯定中成功，必在否定中失敗。自我否定很可怕。因為，當你一開始說「做不到」或「不行」的時候，你就已經陷入了否定自己的旋渦，然後你會拒絕任何的工作機會而成為一個消極的人。而且，一旦你有了第一次拒絕上司的經驗，第二次也會滿不在乎地拒絕，然後這就變成了你的習慣。這才是一件很可怕的事。

因此，你可以直接避開任何多慮的問題，然後盡量用最短的時間，用明朗的態度回答：「好的，我一定完成任務！」或「我會盡最大努力去做！」等等。此時，即使任務艱巨，你也有可能在自我肯定中爆發出驚人的力量。當你放棄說「我做不了」而主動請纓時，你這個下屬也正變得在老板眼中越來越有價值。

👍 **【讀心術】**

輕易的否定有可能是認知偏差導致，也有可能是溝通不到位引起。無論哪一種，對我們都極其有害。抓住老闆的心之所想以及我們應負的責任，將個人情緒和主觀想像分開，做一個理性的、理智的辦事能手，成為在自我肯定中被上司肯定的職場達人。

# *9*·請假理由再充足也是慘白無力的

老闆有老闆的派頭和理由，員工有員工的職責和應遵守的制度。如果肆意的違背，規不成規，就會成為老板眼中制度的破壞者和始作俑者。首先這樣的人就不具備成功所需要的堅守和毅力品質，老闆自然不會看好這樣的人。所以，在沒有更好的機會的時候，一定不要錯過現成的機會，隨意的請假就是對機會的浪費和踐踏。

一飛是公司老闆，年輕有為，工作態度認真且很富親和力，近日招來了新人小韓。但是不久之後，他就發現此人具有的一項缺點，那就是愛請假，而且每次的理由還很充分，讓他沒有不批准的理由。一次，他早上看到她半夜發來的短信，說是自己發高燒，需要休息一天。他一看同情心大發，不僅批准了，還叮囑她好好休息，盡早康復。不過，他總覺得這其中有那麼一點點的讓自己難以相信，不過他也沒說什麼。

下一次，還是這樣。再次，一飛不得不將第二天需要跟進的專案交給其他人。小韓病癒後上班，想要重新跟進這個項目，但是一飛直接否決了她的請求，讓她轉而負責一些次要的工作。因為一飛覺得，每次小韓的請假理由到自己這裡都是那麼的蒼白無力，自己對這樣的員工只有失望和輕視。因為這樣的員工不會辦事，不懂得辦事的韜略，只知道用自己的仁慈當作免費的買資，自己絕不容許。

很多人進入職場後總還把職場當作學校，不舒服或是有事就請假，不管這會給上司留下什麼印象，或是給自己帶來什麼後果。在學校期間，當

我們的身體不舒服時，可以趴在桌子上休息甚至可以去請假，家中有事老師一般也都會批准。

但是，職場不是學校，上司不是家長或老師，不能保證總是能夠設身處地的為你著想，也不會事事仔細詢問，追著你走。當我們踏上工作後，就是工作第一，與上司和老闆之間更多的是利益的聯繫，請假就意味著老闆利益的缺失。如果你是老闆，你也不會總是贊同員工請假的理由。

再說，每個公司都會有自己的制度和規範，其中必不可少的一條就是關於請假的約定。說是約定其實就像是單方面的條款。我們常常聽說的是「公司規定……」，卻不曾聽過「員工規定……」，這是一種本質性的差別。

所以，每個公司都會很強調員工對於公司的忠誠。因此發展出一套企業文化，員工對公司忠誠是有文化的表現，而忠誠的表現就是對公司制度的嚴格遵守。制度是一個企業的靈魂，是老闆對員工進行約束的最好幫手。因為制度已經被進入公司裡的每個人接受，所以違背他們就相當於違背老闆的意念和利益。即使你與很充足的請假理由，要知道，你還是缺少了用工作換取相應的報酬的前提。老闆絕不喜歡只拿不做還偷懶的員工，而請假最先給他們的就是這種印象。

很多人會抱怨公司請假制度不夠人性化，不通情達理。請假制度過於嚴苛，反而會引起員工的抵觸或者消極情緒。而且，人總會有急事或者急病時，這不可避免。但是，當公司請假制度呈現出人性化的時候，又會出現員工太隨便請假的現象。這也正是上司頭痛，不願意相信員工的請假理由的原因所在。

因為，總有些員工會利用請假制度走偏門。「生活中到處都有請假的

理由，只看你有沒有發現的眼睛！」這是許多愛請假人士可輕鬆脫身的獨特見解。他們懂得生病是最簡單也最有效的請假理由。他們知道一種理由不能多次使用，必須學會推陳出新，出奇制勝。

相應的，當員工一招換一招的想出請假理由的時候，上司就會從應接不暇變得麻木不堪。他們很多時候都是被這些愛偷懶的員工逼得不願意相信那些理由的真實性，即使大多是真實可信的。此時，作為下屬和員工，如果不考慮請假後果，那麼很容易給上司留下不好的印象。此時，請假理由再充足在老闆那裡也是慘白無力的。

當有人混水摸魚時，不可避免的會帶動其他人的效仿，進而引起團隊管理上的混亂，導致大多數人遭殃，說出的正當請假理由也慘白無力。此時，不是公司的請假制度太過苛刻，而是你的請假會直接觸犯到老闆的利益，即使沒有什麼實質性的影響，但是老闆也會認為你是在偷懶，是在拿著他的薪水卻不工作。這是一種資本家的本色，也是不可忽視、不得不承認的現實。

所以，我們首先要做到的就是自己絕不能因為可以在必要的時候請假，就濫用自己這種有限的權力。其次，學會請假的學問。請假也需要「投機」，投的準才會贏：

（1）沒有十分必要的事情絕不請假。有病或是有急事，先思量一下是否值得犧牲自己的寶貴工作時間，如果稍微有那麼點的憂鬱，那麼就不要請假。

（2）在工作的關鍵時刻絕不請假。有些事情你會認為值得請假，不過這是在工作不忙不閒的時候。如果你正在趕一個很關鍵重要的項目，而且它不僅關係到老闆的很大利益，還與你的工作性命攸關，那麼，請堅定的

告訴自己絕不請假。

（3）請假一定挑好時機。老闆心情好的時候，工作內容可暫緩的時候，對手沒有空子可鑽的時候，你很需要這個假期的時候，此時，你已經具備了請假的條件。

（4）不可用私情請假。你的請假一定要公事公辦，即使表面功夫也必須做到遵守制度。尤其是你的上司正好是你深交不錯的人，更不能讓對方和他人覺得，你是在故意的利用交情偷懶，這樣對你和對對方都不利。

職場中的為人處事，請假已經變成了一種分量日漸重要的較量方式。能否取得成功，把握好請假的分寸是其中的韜略之一。如果運用不當，只會適得其反，自食後果。

👍**【讀心術】**

不必要的請假理由都是一種自己為自己找藉口的表現。上司和老闆都清楚這一點，以他們的閱歷和經驗，心態早就平穩、淡定甚至冷漠了，任何的理由都比不上他們的老道，他們可以一眼看穿你的偽裝，也可以輕易的將你的請假視作無效。所以，只有做到不自作聰明，才能有效地避免悲劇的發生。

## 第六章 能力的界線

# ——靠本事走天下沒錯，但並非任何時候都行

美國著名企業家卡耐基說：「在身處逆境時，適應環境的能力實在驚人。人可以忍受不幸，也可以戰勝不幸，因為人有著驚人的潛力，只要立志發揮它，就一定能渡過難關。」人的能力是無極限的，這不僅是指工作做事的能力，也包括對能力的延伸，在能力的邊界處找到並發揮出真本事以外的實力。

很多時候，我們要靠真本事吃飯，但絕不僅限於此。對於最有能力的人，他所經歷的風浪總是格外的洶湧。想要在應對本事之外的目標更有把握，就必須重視對自我的不斷挑戰，把自我的價值同可以量化的結果聯繫在一起。確定明確的目標，推動自己不斷努力，不斷累積各種經驗和技能，努力不費力，自信不自負。當能對變化的環境及時做出反應時，領導者的地位就更容易確立。

# *1.* 進入公司後，學歷成為一張廢紙

學歷在這個社會看似很重要，在人人都想得到更好的學歷的時候，也很容易進入一個死角，認為高學歷、好學歷就代表了一切。但是，也有越來越多的人，尤其是公司和企業，他們非常明白，學歷並不能夠代表全部。當進入公司後，開始的工作是和在學校當中幾乎完全不同的。沒有老師的悉心指導，有的只是自己的學習和摸索。這個過程考驗的是人實打實的能力。此時，學歷已經猶如一張廢紙，早就被上司遺忘，而他主要看的絕對是你進入公司後的新的能力的展現。

堤義明，是個十分細心的企業管理者，他明白小小的人為錯誤，都可能成為拖垮大企業的禍源。他不用聰明人的第二個擔憂是，這一類人的欲望野心是常人的十倍甚至百倍。一旦掌握企業大權，很可能私心蓋過了良心，他開始為自己的權力欲望找出路，不止壓制了別人的工作，同時借公事之便，達到私自的利益目標。

日本的集團企業，經常出現這種不健康症狀，能及時阻止，當然只是公司受傷，並不毀整體元氣。處理不得當，公司的正常業務受挫，甚至落到倒閉的下場。

堤義明敢開口講明他對聰明人沒有信心，這是他有勇氣的表現，其他企業管理者，也有不少人對聰明人不信任，卻不敢開口承認。

堤義明說出了一個事實，很多聰明人以為自己永遠聰明，便不再自我進修，成為落伍者還以為自己勝人一籌。這種聰明人的毛病，在企業界到

處可見。

因此，堤義明寧可從凡人群中，啟用自量誠實又肯不斷努力充實自己的人出任上層職務。

堤義明的人才選用方法，曾經引起企業界的長期爭論。他說：「我在提升一名主管人員出任高級部門經理的時候，一定要見見他的太太。當我把一名高級經理擢升為公司董事時，除了他太太，我還要叫他把孩子帶來，我要跟他的妻子兒女談話，認識他的家庭狀況。我堅持這是必要的程式，試想，一個不能讓妻子兒女感到安心滿足的人，怎麼可能承擔企業的重大寄託，怎麼能夠讓無數的職員安心地追隨他？」

多少年來，堤義明根本不理會外界人士批評他這種做法是偏激和猜疑他人的行為。他始終採用這樣的手法，選用適當的人，出任西武集團企業的數以千計的重要職位。

透過這樣挑選出來的人，就被委任掌握西武集團的各個部門。多少年來，事業的經營依照計畫順利發展，堤義明守業十年，然後全面出擊十多年，已經把西武這個集團，擴大到成為日本三大集團企業之一的規模。不過還是有批評，說堤義明是個對別人帶有很深的懷疑態度的人，說他是個企業世界的暴君。

但是，跟隨他做事的人，個個忠於職守，而且表現了對公司的忠誠，獻出自己的才幹力量，使西武事業壯大成為健全穩定的巨型企業。這就足以證明，就企業的總體利益來看，堤義明選用人才的方法是沒有錯的。

今天的堤義明是荀子思想的實踐者，他要求一個出任重要職位的人具備實用的才學、謙虛的做人態度和高尚的品德。

「我並不是要天才人物為我做妻，天才，是不會為職業盡責的，我要

用的是有責任感的誠懇的人，他們會在自己的工作崗位上感到滿足，從職業中取得快樂，這樣的人，才是企業界最需要的才。」

堤義明沒有介意外來的批評，他每年都招聘數以千計的年輕人，進入他的集團做事，仍然採取一貫的平等政策，不管你是一流大學、二三流大學或高中程度，只要通過他特定測驗，就可以成為西武的一分子。

這種作風，使西武集團內部出現一個很特殊的現象，就是沒有會拿自己讀過什麼大學來炫耀，甚至誰也不提自己過去的學歷。至於誰的能力最好或是普通，就憑進入公司之後的工作表現決定。

當然學歷高，學歷好，一定程度上還是能說明接受教育水準高，或者相應的教育水準更好一點。但是，進入公司和職場，考驗的則是業務水準，人際關係能力，工作能力，實戰能力。只有把這些綜合能力做好了，才算是一個真正合格的職場人。如果不能適應新的環境，學習與以往不同的處事能力，還抱著學歷這塊敲門磚不放，自我陶醉，那麼等幡然醒悟的時候恐怕已晚矣。

所以，必須清醒地認識到，高學歷不代表高能力，低學歷不代表你知識少。我們的人生就像是一場賭博，職場更是一場賭博，你可以選擇你出的牌，從而決定自己的輸贏。在職場無望的等待天上掉餡餅不是明智之舉，你應該積極地佔據主動位置，學會「賭博」，學會扭轉局勢，因為贏才是硬道理。

高學歷最忌諱的是驕傲自滿，不思進取；低學歷切莫自卑消極，悲觀自輕。對於任何一者而言，最重要的就是放平心態，不卑不亢，完美自信地走出自己職場當中的第一步，多向前輩同事學習，多充實自己、提升自己。用自己的聰明提前準備好能保護自己的武器——知識和能力，並充分

發揮才能，讓他們給自己打開一扇機會之門。

【讀心術】

　　職場不是否認學歷的真實價值，也不是對擁有學歷的人一竿子打死。職場是一個更加務實的地方，需要的是真才實學的本事，以及在此基礎上對工作的心態、認識和行動。只有靠自己的努力和本事，不僅能施展才能，還能不斷地累積沉澱，讓能力逐漸增長。這是一個人生存的過程，也是實現人生價值的過程。所以，不是一時的努力就能夠全部代表了的，學歷在跨入職場的那一刻也就失效了。

# 2 · 任何時候都別忘了靠本事吃飯

　　在任何一種場合當中，都有相應的法則和規則在運轉著，當然其中的參與者也必須遵守才能夠繼續下去。職場就是一個看似獨立卻又與眾多其他場合相交融的場所，既籠統又抽象。但不變的規則就是任何一個參與者都要有自己的真本事，才能夠適應職場的規則，求得生存。

　　李一明畢業於一所職校，作為設計人員進入公司，專業水準真是不敢恭維，連最簡單的平面設計都做不了，設計軟體用的都不熟練，真不知道老總怎麼聘用了他。也許李一明知道自己的不足，天天早來晚走，每天早上都把辦公室打掃得整潔乾淨，燒好水，等公司員工爭分奪秒地跑進公司打卡，李一明穩穩地坐在電腦前，神情專注地看著各種設計作品。下班後，李一明也是最晚一個離開辦公室，練習設計各種圖案，儘管這樣勤奮，可李一明的設計水準提高並不快，似乎沒有什麼長進，同事們都認為，他是公司裡最笨、最平庸的一個人。

　　由於公司規模小，效益也不太好，同事們都陸續地離開了，老員工紛紛跳槽，此時已「晉升」為老人的李一明沒有受到任何影響，仍然勤勤懇懇地工作著，無論公司發生什麼變化，他自歸然不動。讓人意想不到的是，這家小廣告公司發展速度奇快，從原來的十幾人，壯大到六、七十人，原來平庸的職場菜鳥李一明也成為了公司的元老。就在前幾天的一個競標會議上，李一明作為公司的副總發表了競標演講，李一明成熟穩重，業務嫻熟，頗具風度，讓人刮目相看。

　　會後，有一位已多次跳槽、仍是一名職員的老同事、舊相識，和李一明坐在一起聊天：「想不到你的潛力這樣大，發展得這樣好！」

　　李一明笑笑說：「其實當時我是公司最平庸的一個員工，你們當中的任何一個人堅持到現在，都能做到我這個位置。我不像你們有更多更好的選擇，我只能把握住當前的機會，不斷的累積經驗來提高自己的能力。因為我知道，任何時候都不能忘了靠本事吃飯。如果我在還沒有真正的本事的時候就急著跳槽，那麼我永遠都不可能有好的機會」

　　追求靠真本事吃飯，可以讓平庸變成卓越，可以讓平凡變得非凡。身在職場，勝出的未必都是聰明人，即使是看似平凡的職場人，只要勤奮、執著、堅持不懈，同樣可以成為職場當中最可用的人才。

　　李小龍以一個東方人的身分能夠在美國闖出一番天地，不僅贏得東方人的敬重，也贏得西方人的推崇，這當中李小龍的真功夫、真本事起到了決定性的作用。他的一拳一腳，都讓人生畏。很多時候，鏡頭裡的他，都要因為照顧對手而放慢自己出拳出腳的速度和力道，正因為如此，這背後真正的功夫才贏得了更多熟悉他的人的敬重和紀念。

　　踏破鐵鞋無覓處，得來全不費工夫。如果只看後半句，似乎充滿了幸運的色彩，但是，不可斷章取義、管中窺豹的道理我們都懂。所以，加上前半句，我們才知道，後來的「得來」是在「踏破鐵鞋」的不懈努力之後才實現的。

　　職場當中幾乎殘酷的競爭應當已經讓眾多的職場人士意識到了真本事的重要性。因為只有競爭，人們才能意識到自己的不足，意識到差距，嗅出潛伏的危機。有人被這樣緊張的環境嚇怕，進而開始懊惱、厭煩、逃避、沮喪，直至妄自菲薄，失去信心。這是我們都不願意看到，或者不希望

降臨到自己身上的，但是卻是實在存在著的職場現象。

這當中的關鍵就是一開始沒有擺正心態，去認識到改變的重要性。正所謂適者生存，強者淘汰弱者。我們如果不去改變，停止進步就會被淘汰，生存就會有危機。在職場當中任何時候都是靠真本事吃飯，如果想濫竽充數是根本行不通的，只有隨時不斷地提高自己的本事，在社會上才能立足，否則根本談不上實現理想抱負，連最基本的生活都會成問題。正確的心態能幫我們豎立正確的價值觀和行動觀，是個人良好能力在心理方面的集中體現。

沒有真本事沒有去努力就不會有成功，就如沒有調查就沒有發言權，沒有發言權也就沒有成果一樣。能力不僅局限於職場上的專業技能，它還涉及很多複雜的人、事和物。不僅要實幹、苦幹，更要巧幹，一定要靠本事吃飯。

只有擁有了真本事，才能辦成事，做出成績，當然的，上司欣賞你、想提拔你才會成為可能。如果沒有這個先決條件，那麼一切都是枉然。任何時候，都不可忘記了讓自己變強、變的由本事，即使八面玲瓏，這在職場中也是一種吃飯的本事，有能力者才為之，沒能力者也無可厚非。

👍【讀心術】

　吃飯的本事從小到大我們會自然而然地接觸到，耳聞目染都能明白不少。但是真正的比較系統、比較有針對性的還是在職場裡。任何人都可以適應職場，只要做個有心人，樂觀向前，注重累積和學習，那麼就不愁沒有機會和施展抱負的平臺。

# *3*·讓自己成為公司不可或缺的人

想要在公司中有一席之地，在職場中立於不敗之地，就要讓自己變成不可或缺的人才。不僅要及時掌握足夠的技能和本事可以保證自己的生存，還要變成緊俏的需要的職場達人，為自己在公司當中謀得受重視的機會。

夏敏從學校畢業後，進入一家公司實習。同來的有四個實習生，每天就是幹些打掃衛生、複印、裝訂、接電話之類的簡單工作。

這是家大公司，公司老總做事情比較人性化，雖然實習生可以不給薪酬，但是，他依然給這幾個實習生開了每月1200元的薪水，另外，恰逢中秋節，還給每個人500元的購物卡。領到卡以後，這幾個女孩子都興沖沖地去超市購物了，但是，夏敏卻不是很開心，她在想她的工作：包括自己在內的這幾個實習生都希望以後能留在這個公司工作，可是，她們幾個每天干那些沒有任何技術含量的雜活，那是學不到真本事的。於是，夏敏開始用心學習真本事。

公司的銷售人員口才都比較好，和客戶談話的技巧比較高，另外，銷售員一般都有個特點，都是大著嗓門打電話。平時在公司，夏敏人坐在電腦前，她的耳朵卻是在聽銷售高手是怎麼和客戶談判，他們的語氣和技巧，她都仔細地聽，認真地在心中揣摩。

為了分清楚公司各個產品的型號以及功能的區別，夏敏經常主動接觸公司的生產基地。放著輕鬆的寫字樓工作不幹，而去生產基地幹力氣活，

其他幾個實習生覺得夏敏真是傻透了。

在生產基地，夏敏勤學好問，很快就弄懂了這些產品的基本原理。公司的研發部是和生產基地連在一起的，為的就是方便研發部的技術人員能夠及時指導工人生產。很多時候，研發部的技術人員對於返回的儀器進行修理的時候，夏敏都在一邊默默地看著。不明白的地方，夏敏就虛心地請教。研發部的技術人員大多都是年輕人，夏敏和他們很好地溝通，他們也樂意傳授維修技術。

一次，一家鋼鐵廠買的儀器，用了半年後不能正常運轉，於是就派專人送到公司進行免費維修，客戶住在賓館，一天幾個電話地催促公司趕緊修理，說他們鋼鐵廠還等著使用這台儀器呢。但是，技術人員都出差去了，售後服務部經理很是發愁。這個時候，夏敏主動請纓，要求試試看。

經理瞪大眼睛：「你會修理？」夏敏謙虛地說：「我也不敢擔保能修好，反正技術人員都出差了，咱就死馬當活馬醫吧，如果真醫治不好，等技術人員回來後，再由他們維修就是。」經理一聽，也是這個道理，於是放手讓夏敏「折騰」去了。

夏敏仔細檢查後，發現這台儀器和公司技術人員半月前維修的一台儀器的「症狀」是一樣的，於是，她就靠著記憶，在腦海中比著半個月前的「葫蘆」去畫現在手中的「瓢」，半個小時後，這台儀器居然被夏敏修理好了。售後服務部經理非常高興，立即通知客戶來領儀器，客戶來後，經理指著夏敏開玩笑說：「這個是我們公司的女工程師，就是她親自動手，把這儀器修理好的。」客戶非常佩服地說：「你們公司技術人員真厲害，女工程師這麼年輕，水準卻很高！說實話，這台儀器在我們廠，幾個老工程師一起會診，最後也沒有會診明白，只得送你們這兒維修了。」說完，客戶

帶著儀器滿意地走了。

客戶走後，經理禁不住哈哈大笑，他對夏敏豎起了大拇指，夏敏心裡很是自豪。很快，夏敏這個「女工程師」逸事就在公司傳開了，老總聽了很高興，暗想：夏敏這個女孩真不錯，能吃苦，到公司後，口才也進步得很快，更重要的是知道學習新知識，是個可以塑造的人才。

三個月的實習期過完，幾個實習生紛紛寫申請，想留在公司工作。申請到了老總那裡，老總毫不猶豫地把其他幾個實習生的申請否決了，同時果斷地批准了夏敏的申請。

按照公司的規定，實習生留用後，還需要三個月的試用期，但是，老總直接指示公司人力資源部和夏敏簽訂了正式的勞動合同，也就是說，夏敏不需要試用，直接被公司正式聘用了。被分到售後服務部工作。

夏敏對公司的各種產品的性能比較熟悉，口才又好，很有談話技巧，並且還有單人維修好一台儀器的水準，老總相信，夏敏接聽公司的售後服務熱線，肯定能很好地為客戶答疑解惑，肯定能出色地做好自己的本職工作。

坐在辦公室裡一直抱怨不公的人，永遠不會有計劃升到讓他豔羨的那一步。只有不可或缺的人才，才能站穩自己的位置，收穫更多的成長和回報。怨天尤人的人只會讓自己與他人的差別越來越大，讓自己的境地越來越糟糕。

《清明上河圖》只有一幅，所以成為國之瑰寶，價值連城。長城象徵著一個民族的脊樑，被億萬人敬仰，那是他的不可複製。因為獨一無二，因為價值不凡，所以不可或缺。也正因為不可或缺，所以它們成了永恆的存在。

大多數人不可能實現永恆的存在，無論是肉體上的還是影響上的。但是在人短短的職場生涯中，想要讓自己不可或缺，還是大有可能的。依次做到下面幾點，相信我們一定能夠有全新的發現。

（1）認清現實

人每到一個階段，都需要認真的重新審視自己和他人，以及彼此間的差距，並清除的意識到差距在哪裡。知己知彼，才能讓我們看清我們現在令人不滿意或者是糟糕的境地的原因，還有為了改變這種情況我們需要前進的方向。知識、技能的不足，根本性的制約著我們的步伐和理想。所以，一切都從認清自己、認清現實開始。

（2）摒棄抱怨

差距不應該是抱怨的源泉，而應是促使我們行動的動力。畢竟，抱怨不能為我們帶來出路，只會讓人自甘墮落。真正的出路在腳下，在行動當中，在智慧當中。不要認為差距是對我們的不公，因為差距只是衡量過程中需要添加上去的砝碼，而進行這一操作的將會是我們。至於添加砝碼的多少，也是由我們來決定。我們可以讓天平繼續向別人傾斜，也可以平衡，更可以讓天平向我們傾斜。一切都是有我們做主，隨心所欲。所以，主動權在我們手中，我們無權抱怨，否則只會浪費時間和生命。

（3）勇敢行動

勝利的天平是一定要向我們傾斜的。因為我們想要在職場中獲得勝利，我們想要成為公司當中不可替代的人。那麼，我們就要付出行動，勇敢無畏大步向前走，努力地充實自己的知識，拓展自己的能力，練就一身屬於自己的技能，迎接屬於我們的光明。

【讀心術】

　企業間的競爭，就是讓自己的產品替代別人的產品，企業不斷推陳出新，讓自己的產品更加超前，不被別的企業產品所替代。員工也是如此，停步不前，不能為公司帶來適應競爭的技術，那麼公司就同樣容易被替代掉。所以，更新換代是不變的時代旋律。職場中人也如此。只有不斷地學習「充電」，保證自己不可替代才是硬道理。

# *4*·技能與才幹也有幫不了你的時候

職場當中總是充滿著較多的利益往來。因此，大家對待工作都會小心謹慎，很多時候都不能夠短時間內做出決定。但是別急，這並不代表沒有機會。因為只要付出了努力展示了能力，那麼久會有受到成效的那一天。即使不能立竿見影，但是耐心的等待，後面的收穫會更大。

任重原本是公司技術部的一名骨幹，凡他經手的項目都是立竿見影出成效，因為他一貫的作風就是雷厲風行，速戰速決。因為表現好，上司也是多次稱讚。但是讓他很意想不到的是，針刺上次居然把自己從技術部調到了銷售部，而且還是從一線開始做。雖然上司很明確的對自己說，以他的能力，只要努力，就很有可能從一線員工升到管理層。

任重別提對於上司的決定有多麼的不認同，他覺得上司很明顯是拋棄了自己，對自己採取了對徹底的降職和懲罰。雖然不知道自己的問題出在了哪裡，但是任重也不會自暴自棄，他告訴自己一定要用自己的才幹和能力作出最好的業績給上司看看。

調整好了心態後，任重馬上投入到了銷售一線的工作。他除了做好分內工作，休息時間還用來進行市場調查，作工作總結。還有關於銷售部的若干問題建議都充分發揮做技術工作時候的作風，立刻送到上司辦公室，讓上司看到自己不僅在工作，而且還是在積極努力的工作。

可是，就在任重以為自己前期的準備已經夠充分，對待客戶的態度已經夠良好，客戶完全應該有理由簽下合同的時候，他發現客戶都是充滿興

趣的拒絕簽字。即使他態度再怎麼誠懇，客戶也沒能點頭。如此兩個月下來，任重開始有點懷疑自己當初說服自己的理由現在是否還夠充分。沒有做出業績，光有技能和才幹有什麼用呢。每次的業績評比。別人都可以遙遙領先，而自己總是沒有進步。

如此耗費時間完全是在做無用功，最後任重想到了一個方法，就是想那些業績突出的人取經。最後一位前輩同意讓任重跟著自己去跑單子，但是只能看不能說。前輩這次跑的是半個月前見過面的客戶。一見面大家就噓寒問暖的，間隙，前輩才很雲淡風輕的詢問客戶對於自己的單子考慮的如何。任重完全沒有在意這樣的氣氛能促成什麼單子，但是沒想到客戶居然很爽快的答應了。

事後，任重想要問個明白，但是前輩只笑不說，只告訴任重現在應該去追自己的單子，而且是至少半個月以前的。將信將疑的任重按照前輩的話做，沒想到果然有幾個客戶簽了合同。同時，還向自己抱怨有些銷售員就像轟炸機似地對他們狂轟亂炸，根本不給他們考察和思考的時間，這樣那有誰會輕易的簽合同。這時任重才明白，自己發揮技術上的嚴謹態度沒錯，但是太急功近利，不給與自己打交道的客戶主動思考的時間就會容易自斷來路。相信這也是上司的良苦用心。很多時候，學會等待，不僅是前輩和上司讓自己學會的，也是職場的一門必修課。

從抱怨到疑惑，從解惑到成功，這是一個對自己進行重新認知和思考的過程，也是發現問題解決問題進而走向成功的過程。從這個過程中我們發現，職場中真的是有不管多麼強的本事，多麼好的技能和才幹也可能幫不上忙的時候。這種時刻，相當於人生和事業的一個轉捩點。如果領悟的話，就可以實現突破和飛躍。如果不能領悟，死鑽牛角尖，只會抱怨，不找

方法改變，那麼就會逐漸脫離正軌，技能和才幹也幫不了。

因此，當你的能力在職場中也不能確保你的安全的時候，你就要向其他方向尋找出路。

最重要的一點就是必須對自己特定崗位有充分的理解和詮釋，以及在此基礎上的覺悟，學會靈活應對，有耐心，給人留下迴旋的空間。有時候，這種覺悟甚至比本身的技能和才幹還重要。

工作的技能和才幹可以在工作當中逐漸的累積，欠缺的時候還可以借助他人的力量得到滿足，同樣可以成事。但是，倘若忽視了這種覺悟，就很可能直接喪失掉成功的機會。這是一種超能力的能力，是職場人必須要學會的靈活應對方式。因地制宜，因勢利導，因人而異，都可以成為我們思考行事的技巧和指導。這點我們可以從秦始皇身上深深的領悟到。

所以，有一個提法是能力只是能耐的二分之一。這句話是有一定的道理的。能力如果是一種硬實力的話，那麼必須有軟實力的輔佐，才能夠形成巨大的能耐，做成更多的事情，使我們的職場之路更加順利。因此，有耐心，學會等待，讓自己的努力和能力在等待當中發酵、醞釀，得到的結果也就會更加甘甜可口。

👍 【讀心術】

　　事情往往在我們將事情看得更清透的時候出現了轉機。不是巧合，不是幸運，而是我們的努力已經真正的付出了，我們的耐心等待給了彼此時間和餘地，進而用我們的坦然和自信為自己贏得了機會。靠本事吃飯，更要靠自信和耐心加分。

# 5 · 不要表現得你比別人更聰明

我們處在一個越來越開放、越來越急功近利的時代，人類的才智得到空前的解放和開發。尤其是在職場中，個人的表現和業績直接與個人的利益掛鉤，甚至決定著一個人的總的生活品質和前途。所以，為了更好地生活，人們爭先恐後地顯才露己，想要表現的自己更積極、更聰明，讓上司看到更加有能力的自己，給予更多的嘉獎。

職場中人這種積極進取的精神固然沒錯，而且這樣還能提高人們的精神面貌和工作效率。但是，凡事都有兩面性，物極必反。既然人人都想要表現出自己的優秀，而人與人之間的能力的差別又卻是存在的。所以，當一些人表現的更優秀更聰明使得另一些人相形見拙的時候，也就是工作環境中的矛盾開始出現的時候。

宋帥所在的報社很講求務實和實幹，成績是說服人的最好方式。而宋帥恰是一個非常有能力的記者，敏銳的洞察力，良好的口才，優秀的文筆常常使他的報導趨於完美。他策劃的選題雖然並非次次都是頭條新聞，但是引起的轟動效應卻不可小覷。

鑒於此，主編一旦有什麼重大選題都交給宋帥，宋帥也從不推辭，認為能者多勞。起初一兩次也沒什麼，次數多了，有些同事就開始出現不滿的情緒，認為他太囂張，好的選題老是自己霸佔，從不給別人一個證明自己、表現自己的機會。漸漸地，同事都開始疏遠宋帥。但宋帥很不以為然，他覺得一個有能力的人，就應該而且注定會與眾不同。

　　當記者部主任辭職的時候，報社需要挑選出一個新的主任。高層決定採用民主選舉的方法，讓所有員工投票選出自己心目中有能力且能夠勝任的主任。宋帥當時非常有信心，自己的能力和業績大家有目共睹，這個大家心理自然最清楚，主任肯定非自己莫屬。然而，讓宋帥想不到的是，不但沒有人選他，大多數人反而還把票投給了一個名不見經傳的人。

　　更慘的是，新上任的主任彷彿真的是眾望所歸，很好的「發揚」了大家對於宋帥的認同，再也沒有把重點選題交給宋帥負責，而只讓他跟進一些可有可無的小事。此時，宋帥才知道，當自己表現的比別人聰明的時候，也是大家對自己疏遠和孤立的時候，而這對於職場中人來說是多麼的可怕，如今的自己一點施展能力的空間都沒有，空留下懊悔。

　　無論從哪一點上講，人發揮自己的聰明才智和辦事能力絕對沒有錯。但是時代和環境的變遷使得這些道理也不可避免的出現了變化，只有順應了時代才能適者生存。人的聰明不可被替代，它也是人成功的基礎。但是，大環境下，必須懂得養精蓄銳，適當的收斂自己的聰明和鋒芒，才不至於招來更多的敵人和對手。這樣，和同事間可以保持相對愉快輕鬆的工作環境，對自己工作的進步也是相當有好處的。

　　法國哲學家羅西法古有句名言：「如果你要得到仇人，就表現得比你的朋友優越；如果你要得到朋友，就讓你的朋友表現得比你優越。」雖然後者的做法對於職場中人已經不再完全適用，但是前者的做法確是不變的真理。

　　過分的表現聰明智慧讓自己樹敵更多。不是不允許聰明，而是忌諱故意表現聰明，或是無意識的傻傻展示聰明卻不知周圍已經羨慕嫉妒恨的眼睛可以把人盯死。前者聰明反被聰明誤，遲早被排斥；後者渾然不知，不

能否認在其他地方的聰明，但是也不得不說此時的警覺性不高導致後果很嚴重。這兩者都容易把人帶入不利的境地，這並不是自己的本事和能力能夠簡單解決的情況。

真正聰明的人對自己的聰明總是輕描淡寫，謙虛，不張狂，從而贏得別人的敬重和擁護；有點小聰明的人則對自己的小聰明大聲喧嘩，嘩眾取寵，結果眾叛親離。這不僅僅是只會出現在書面層次上的言論，現實中切切實實的在一直上演著，哭與笑總在是否真的夠聰明上進行著徘徊。

所以，為了不重蹈覆轍，讓自己有更好的成長環境，更加充分的發揮自己的能力，我們應該讓自己學會在必要的時候表現的謙遜和深沉，甚至是有「城府」一點。

（1）能力用在刀刃上

盡可能把能力和本事多用在工作上，而且是關鍵性的時刻。所以在平常就要注意自己的方式，注意是否自己的太過積極沒有給同事留下任何空間。如果是這樣，那麼就要稍微讓自己放鬆下了，緩和下河同事們之間的氣氛，多與同事交流溝通，讓他們明白自己的努力和別無他意，在彼此信任的基礎上開展自己的工作。

（2）不對別人指手畫腳

別總想比別人看上去更聰明，進而去指責他的過錯。如果別人有過錯，無論你採取什麼方式指出別人的錯誤，為自己帶來難堪的後果。

人都有自己的尊嚴和面子，尤其是對職場中人。誰也不想自己的自尊心被傷害和威脅到。所以，當你指出他的錯誤時，他會很小心，而且絕對會多想。任何不經意的甚至是善意的言行舉止，一個眼神，一種腔調，一個手勢，都可能被別人誤解。一些本沒有的成分，比如，蔑視，取笑，張

牙舞爪，都能夠被他聯想到。他此時需要的不是你的指出錯誤，而是自己的冷靜和思考，以及需要的時候才會尋求的幫助。對於不需要你的此刻來說，保持應有的緘默，收起自己的聰明，才是真正的聰明之舉。

（3）不為了表現自己而高談闊論

說話、談論的確是一個表現人的才智和見識的好方式。但是職場中人不需要在高談闊論中被賞識，而是要在工作能力和業績上表現。在同事面前高談闊論對自己沒有多少好處。即使你一時逞了口舌之快，得到了表現自我的滿足，但是相當於你把別人都看成是一無所知的人。大家都是有主張的，沒有誰心甘情願的被別人看成是庸才。

所以，這樣招來的只會是人們在心中更多的鄙視、抵觸甚至是以敵視之。這是很不妙的事情。因為一般這種情況下當事人都不自知，也就毫無防備，吃虧則是注定的。所以一定要注意言行，適當的交流溝通是必要的，但是切忌過分高談闊論。

總之，我們提倡人們更聰明，越聰明說明我們的社會越進步，人民的素質越高，國家也就越繁榮。但是，聰明人爭奇鬥豔只會增加內耗，傷身傷己。只有保持謙遜，不表現的比別人更聰明，那麼，個人的聰明才智才能夠更好的發揮。

【讀心術】

　　人人夢想著出人頭地，揚名萬裡。但如果你處處顯山露水，爭著炫耀自己，想盡辦法成為別人妒羨的目標，那麼，在你的虛榮心不斷得到滿足的時候，你就離失敗越來越近了。一位哲人說：「要比別人聰明，但不要告訴人家你比他更聰明。「也就是說，你即便真有兩下子，也不要太出風頭，要藏而不露，深有城府，適當時機才能一發制勝。

# 7·讓別人成為你的「嫁衣」

走向職場的成功，聰明人不僅會積極發揮自己的聰明，在自己的力量還沒有足夠強大的時候，會借助他人的力量，當作走向成功的捷徑。即使有了一定的成績，這也會帶來其走向更大的成功。這是一個聰明人絕對會選擇的聰明途徑。對於一個人來說，要獲得進一步發展，免不了借助他人的力量，讓別人成為前進路上的「嫁衣」。

聰明人不分階層高低，不分貧富貴賤，不分職位工種，只要將自己的工作做得好做得出色，那麼他就是一個聰明的人。王智是一家小保健品公司的推銷員，他一直兢兢業業，並注重發揮自己的能力，因此在公司也小有成績。一天令他萬萬沒想到的是他乘坐的飛機遭遇到了劫機事件。在驚心動魄的幾個小時後，幸好後來危機得以解除，飛機和全體乘客才都安然無恙。

因此，這次劫機事件很快成為一條重大新聞，當飛機最終安然無恙地降落、乘客們有序地步出機艙時，已有多家新聞媒體在等著進行採訪報導。走在後面的王智看到這種陣勢，雖然覺得是在意料之中，但是還是有點驚魂甫定。他覺得對於自己的人生來說，這是很重大令人難忘的事情。也許不該這樣如同大多的新聞報導後就結束，必須為自己留下點什麼才不枉此番遭遇。

想到新聞報導，想到劫機又成功脫險全體安然無恙等等這些必將成為媒體大肆報導的內容，而人們對大家的關心也必定有更多的人關注。他在

想自己究竟要以什麼樣的姿態和表情來迎接著屬於自己的一瞬間呢？

要刻骨銘心，要讓大家記住有代表性的自己。在走出艙門的瞬間，他突然間想到了什麼，於是做出了一個常人難以預料的舉動——從箱子裡找出一張大紙，寫下一行大字：「我是xx公司的推銷員，我和我公司的xx牌保健品安然無恙。非常感謝營救我們的人！」

一出機艙，他和這塊牌子很快被各媒體的攝影、攝像鏡頭捕捉到了。記者的鏡頭當中出現了一個樂觀鎮定的人，出現了一個懂得感恩的人，這是對這次事件很好的影響力和渲染力的肯定。一時間，王智成為了這次劫機事件的明星。

王智這一別出心裁的舉動，令他的公司和產品變得家喻戶曉，客戶的訂單一個接著一個。當王智回公司時，公司老闆帶著所有的中層主管，在公司門口夾道歡迎他。老闆當場宣讀了對他的任命：主管行銷和公關的副總經理。

王智在下飛機的瞬間，他和所有的乘客一樣，肯定也在回味自己的遭遇，考慮自己生命的安危，但他同時也抓住了整個事件的良好的影響力，並把自己的企業和工作放在心上，將兩者巧合的運用在一起，做出了一個簡單而難能可貴的決定。從而成就了他這個極為優秀的推銷員。

在我們的周圍，總有這樣一群人，他們對生活和工作牢騷滿腹，卻在現實工作中委曲求全；他們耗盡幾年時間考得各種證書，卻在工作崗位上平平庸庸；更有甚者，他們在自己從事的行業裡奮鬥多年，最後卻失去了職場競爭力。

其實，在職場中，不是我們不聰明，也不是我們不努力，而是很多時候都需要轉換思路去思考問題，轉換方法去執行任務。善於借用他人的力

量，不管是有形的還是無形的，只要能夠幫助我們做好自己，那麼就可以拿來用。

荀子在《勸學》中說：假輿馬者，非利足也，而至千里。假舟楫者，非能水也，而決江河。君子生非異也，善假於物也。很多事情單靠個人自己的力量是很難完成的，為了在職場中應得成功，不僅要靠自己的能力和本事，還必須學會借助外界的力量，在有利的情勢下讓別人成為我們進階的「嫁衣」也未嘗不可。

比爾·蓋茲說：一個善於借助他人力量的企業家，應該說是一個聰明的企業家。在辦事的過程中善於借助他人力量的人也是一個聰明的人。所以聰明人都是通過別人的力量，去達成自己的目標。

即使先天有很多的不足，後天的努力還是可以彌補的。借助學習，利用和借助外界條件，在充分發揮自己的長處的同時也能彌補自己的不足，取得更顯著的成效。君子所以能超越常人，並非先天素質與一般人有差異，而是更多的依靠後天的學習，並善於抓住有利形勢，把握住好時機加以運用。

什麼樣的選擇，決定什麼樣的人生；什麼樣的頭腦和能力決定什麼樣的職場選擇。什麼樣的職業選擇，成就什麼樣的職業之路。你今天的現狀是你幾年前選擇的結果，而你今天的選擇將決定今後的生活品質。現在的社會，離不開人與人的合作，單兵作戰已經成為歷史。只有善借外力，學會將他人創造的有利時機與自己的能力和本事嫁接在一起，起到為自己的工作帶來成績的效果，才能更容易贏得別人的支持，才能求得發展。

同時，在我們這樣花費時間和精力經營我們的事業的時候，千萬要記住，不能夠讓我們的付出反倒成了別人的嫁衣。這不僅是我們巧用自己的

智慧的時候，也是對我們的工作進行考驗的時候。只有工作做的到位，機會抓的準確，那麼我們就不會做無用功。

---

## 👍【讀心術】

一切能力的發揮都要從先透徹的瞭解自己開始。正確瞭解自己、瞭解職場，一步一個腳印，進而瞭解他人，然後看到自己的優點和不足，看到他人的能彌補我們的不足的長處，然後在天時地利的時候將他們的長處轉化到我們的努力當中，那麼自然可以達到人和的效果。而這就是我們在自己的聰明之上更上一層的訣竅。

## 第七章 責任的劃分

### ——這些事情不用交代就該自動辦好

《猶太法典》說：「原以為一定會有人帶蠟燭進去，可是一走進房間裡，發覺整個房間都是黑漆漆的，沒有半個人拿著蠟燭。其實只要每個人都拿一根小蠟燭進去，這個房間就會像白天那般的明亮。」責任是對人生義務的勇敢擔當；責任也是對自己工作的出色完成；責任還是對自己所負使命的忠誠和信守。做事，一定要有責任感，一個沒有責任感的人想把工作做好，幾乎是不可能的。

我們隨處可見這樣的人，出現問題不是積極、主動地加以解決，而是千方百計地尋找藉口，致使工作無績效，業務荒廢。其實，面對責任的劃分，很多事情都是不用交代就應該辦好的。做領導要運籌帷幄，要會合理的放權，善於管人用人；做下屬要耐得住考驗的寂寞，能放下自己的抱怨和不滿，想方設法爭取成功。同時不管是領導還是下屬，有一點不會因職位而存在區分的就是，敢於承擔責任，敢於在關鍵時刻處理關鍵問題。如果我們都去做自己能力做得到的事，那麼結果往往會好的讓我們大吃一驚。

# *1*‧下屬做得不夠好，責任在你

　　作為領導人，對於自己分內的事情有不可推卸的責任。要想實現團隊的高效和領導的盡責，領導人不僅要對自己負責，更要對自己的下屬負責。他們做的好與不好，很多時候都直接與領導有關係。領導人一方面要負責決策、用人和檢查、落實，另一方面在下屬做的不夠好時自己能否及時的發揮積極作用更是關鍵。

　　20世紀60年代，金剛砂空中貨物公司敢為天下先，最先使用了堅固耐用、規格統一、且可重複使用的集裝箱運輸貨物，開創了集裝箱貨運的先河。由於統一使用集裝箱運輸貨物，比以前散裝運輸更經濟、更有效，所以世界各國的運輸業競相效仿。

　　然而，當時負責金剛砂空中貨物公司集裝箱運輸業務的副總裁愛德華‧費尼發現，只有45%的集裝箱是完全填滿的，其餘的往往沒有被完全填滿，就被密封運走了。

　　為了保證裝貨品質，愛德華‧費尼開始組織工人接受關於裝滿集裝箱的專業培訓，並經常派人實地督促檢查集裝箱是否裝滿。但是，事與願違，收效甚微。正當愛德華‧費尼費盡心機一籌莫展之際，一位管理學專家向他提出了建議：在每個集裝箱內部畫上一條「填滿至此處」的橫線。

　　儘管這個建議看似微不足道，但愛德華‧費尼還是採納了。令他興奮的是，此後完全填滿集裝箱的比例竟然由45%上升到了95%。這就是責任的作用。

責任，顧名思義，是指領導者對某項工作或某一事件所擔負的責任。領導者不僅要能夠發現工作當中的疏忽，還要能充分發揮自己的宏觀調配作用，通過採取相應的措施來改善下屬的工作狀態和效果。

比爾・蓋茲的成就早就讓所有職場人望洋興嘆了，他與微軟互相成就，在這個過程中，並不是人人都能成為比爾・蓋茲，但是每一個人都可以從他身上學習到我們所缺乏的品質，在自己的職場道路上做到更好。

位於西雅圖的微軟公司研發中心，擁有40多名全球頂級的IT菁英。這些菁英每年為微軟創造了大量的財富，公司也為他們提供十分優厚的福利待遇。為了激發員工的創造力，微軟公司給了這些員工充分的自由。在這裡工作，興致來了，你完全可以去打籃球，去健身房，去游泳池，喝咖啡，甚至會有專門的按摩師給你按摩。只要你願意，你完全可以像在家裡一樣，愜意極了。如果是特殊人才，還有更多的優待。公司只有一條規定：按時上下班，哪怕是喝咖啡，你也要坐在公司裡喝。可是，員工們自由散漫慣了，而且美國人喜歡過夜生活，所以上班老是遲到，部門經理為此傷透了腦筋。

為此，部門經理制定了嚴格的考勤獎懲制度。可是根本沒人當回事。遲到了，客氣的員工還會朝部門經理聳聳肩笑笑，不客氣的員工乾脆就若無其事。有一回，部門經理扣了一名叫萊特的軟體工程師兩百美元的考勤獎。萊特大發雷霆，直接就交了辭呈。事情鬧大了，連比爾・蓋茲本人都被驚動了。部門經理做得沒錯，然而萊特又是辦公自動化方面公司引進的特殊人才，比爾・蓋茲只好親自調解。最後返還了萊特兩百美元，這事才算了結。

萊特是留住了，但是遲到現象卻更嚴重了，大有變本加厲之勢。怎麼

辦呢？

有一天，比爾·蓋茲在草坪上散步時，無意中看到了公司的停車場。50個車位上停了四十幾輛車。而旁邊，某些小公司的員工，因為停車位的不足，一些車子一直停到了遠處的馬路上。看到這裡，比爾·蓋茲靈光一閃，一個絕妙的好主意產生了。

第二天，比爾·蓋茲就讓部門經理將公司的停車位賣掉了10個，只剩下40個停車位。上午10點，就有員工不滿地向部門經理反映沒有停車位，車往哪兒停？部門經理抱歉地說：停車位是租的，到期了，業主不願續租，公司也沒辦法。

一個星期後，奇怪的事情發生了。研發中心的40多名員工再也沒有遲到的了。因為一旦遲到就意味著要把車停到馬路上。如果遲到得厲害了，就連附近的馬路也沒處停。有一回，一個拖拉的員工居然把車停在了1英里外的馬路上。從此，微軟研發中心再也沒有人遲到了。

愛德華的一條橫線的激勵和蓋茲的微軟考勤智慧，都向我們揭示了領導者在管理下屬的過程中所能發揮的舉足輕重的作用。領導者一向不需要事無巨細，但是也不可否認小事的重要性。如果領導者能夠擔負起自己應付的責任，用小事實現公司內部大的宏觀調控，發揮出了自己本就應該具備的決策作用，那麼，任何事都能成為不可忽略的一部分，這也正是愛德華和蓋茲成功的秘訣。

俗話說的好，「沒有規矩不成方圓」。為了保證公司的各部門按計劃、有組織地高效、高速地運轉起來，領導必須善於使用自己的指揮權力，遵循統一有效指揮的基本原理，進行正確的指揮。因此，在統管下屬的過程中，領導人要能夠發揮出自己的指揮協調作用。尤其是在下屬不能

有效地施展自己的主觀能動性的時候，領導人及時的管理和約束就要到位，才能見成效。此時，做到以下幾點是關鍵：

（1）明確員工下屬的功過是非都與自己息息相關。管好他們，帶好他們，是領導者的責任。當他們做的不好時，你就要負起這個責任，糾正這個錯誤，提高整體的效率。

（2）嚴格要求，豎立自己的權威。言必信行必果，是領導人有效管理下屬必須要做到的。因此，在此之前一定要豎立自己的權威，嚴格要求他們，無論是時間觀念還是工作態度，都要做到最有利於工作，如此，才是盡到力自己應盡的責任。

（3）靈活應對，以少制勝。嚴師出高徒，對待下屬雖然也很奏效，但是懂得適可而止才能避免反效應。適時的變化策略，從小事入手，直指問題的關鍵，引領下屬不知不覺間向自己制定的方向邁進，這樣不僅讓下屬感到自在，還能收到意想不到的好效果。

👍【讀心術】

公司的生產經營活動，各種生產要素的合理使用，需要領導的正確指揮。只有領導指揮的正確，下屬再結合自己的主觀能動性，二者才能發揮出理想的威力。更多的時候，領導人不僅要糾正下屬的過失，還要能夠誘發出下屬的工作積極性，這是你的責任，更是你成功不可缺少的一步。

# *2*·絕不允許下級越權

　　下級出現越權行為，不能簡單的認為完全是下屬的問題和過失。試想，如果領導管理得當，沒有出現漏洞，那麼下級怎麼可能有機會越權。防止下級越權，不僅是管理當中能力的體現，也是管理的內在責任之一。領導人有效的管理和積極的引導，不僅能杜絕下級越權的現象，還能提高整體的作戰水準。

　　能進華爾街的中國人幾乎個個高學歷、高智商，一向自視甚高。遇到難題想盡辦法自己解決，最怕被別人說自己不行。如果進度已經滯後，便更想靠自己的努力暗暗地迎頭趕上。

　　作為自小就能力超強的屠林，向來就堅持能力可以盡情的發揮，但絕不允許浪費的策略。而且能進華爾街就是一件值得自豪的事情，如果能露一手不知道可以征服多少人。所以，屠林一直都在找機會充分發揮自己的能力，絕不允許浪費。

　　正好一次屠林所在的專案組接了一個專案，四個成員各各有分工，各司其職，協作完成。屠林仔細核查了客戶的要求之後，每天早出晚歸，獨自一人賣力地悶頭幹，他的上司以為他剛進公司，各方面需要適應，給了他寬裕的時間，並時常問他的進度。屠林想要給上司一個驚喜，讓上司對自己更加刮目相看，所以只是大概的回答快了快了。離項目的最後期限沒幾天的時候，他的上司又去問他進度，想不到他報告上司說，「我全部完成了」。上司很不解他的回答，連忙接過了屠林手中的專案報告。發現屠

林非但完成了他自己的那部分，而且連帶著測試的工作也都完成了，還糾正了當中的幾個錯誤。

看著上司認真的看自己的工作成果，屠林已經能夠想像到上司眼中流露出的欣賞目光和口中對自己的誇獎之詞了。但是，上司只是嚴肅的合上專案報告，然後說自己瞭解了。而且後來，也只是在小組討論會上整合了大家的工作成果後，簡單的指出了其中的紕漏。其他的沒有再多加評論。

屠林沒有得到理想中的誇獎的原因就是在華爾街這高度分工之地，他卻犯了職場大忌。在華爾街，最重要的能力就是在協同分工中堅守自己的責任，絕不越權。小到一個組，一個部門，大到一個公司，每一個人雖然都只是其中的一顆螺絲釘，但是每個人的能力和工作都是整體當中不可缺少的一部分，彼此之間都是建立在合作的基礎上的。如果不瞭解自己、同事和上下級的職責，那麼盲目的工作，即使超額完成，最後會發現反而影響整個團隊的戰鬥力。這是激烈競爭下尤其是高素質群體當中最忌諱的事情。對於上司來說，這種越權的事情是不欣賞也不會允許發生的，否則貽害的就是自己的團隊。

其實，不是說多做多了有什麼不好。但是，放到集體、團隊的大環境中，就很容易打破領導的整體部署和規劃，造成分工不明、效率較低的效果。任何形式的越權都能造成對權威的蔑視，對權威的蔑視就是對權力的削弱，權力的削弱也就意味著領導的不力和領導人能力的缺失。所以，為了自己的利益，明智的領導人是絕不允許自己的下級越權的。

下屬的越權現象因人因事而不同，大致可分為三種情況：一是由於職責範圍不甚明瞭，或是口頭交待得清楚，但在具體做事時卻糊塗了，出現了有意、無意的越權；二是有的下屬對領導有成見，或是為了顯示個人才

能而不正當地越權；三是在非常情況下的越權，這樣的行為多少還是可以原諒的。領導要根據不同的越權情況，採取不同的防止下屬越權的方法。

（1）明確下屬的職責範圍

明確職責範圍，每個人專司其職，完成工作的效率才更高。因此，在分配具體的任務時，無論被分配的對像是下級的領導還是員工，都要做到明確分工，不能用自己的思維認為他們會聽懂、會明白、會領悟等等，因為不同的人再加上職位的不同，思考問題的方法和角度也不同。這就導致了同樣的事情可能出現不同的理解。因此，一定要保證權責分明，各司其職，各負其責。必要的時候，還要用制度和規範加以強化。

（2）對下屬進行分層多級的管理

領導分級，權力和責任也就相應的有大小和高低。有效的管理就是高級領導直接對下級領導負責，下級領導直接對員工負責。而高級領導如果過多的直接對員工進行管理教育，就相當於削弱了下級領導的對權力行使的力度，這樣勢必會造成下級領導力的薄弱和低效率，甚至出現員工越權的現象。

這些是管理不應當出現的問題。有效的規避手段當是分層多級的管理，不讓下級越權，那麼自己也不要越過下級、忽視下級的職責和權力。必要時候，對下級領導力進行加強，不僅節省自己的精力去謀劃更大的事情，還能收到更好的管理成效。

（3）有則改之，無則加勉

對下屬的越權，要作具體分析，不能簡單地批評和指責。首先從自己的領導上查找問題的原因，然後根據員工的具體情況判斷事情的輕重緩急。對於那種居心叵測，完全的「侵權」行為，很容易造成不可挽回的損

失，這種行為絕不能姑息，一定要果斷的處理相關的人和事。對於善意的越權，比如做了應由上級主管領導決定的事，但與他有較強的事業心、責任感，敢於承擔責任等優點相聯繫的，這樣的是可以暫時放下的。如果確實能夠從下級身上看到可貴的閃光點，那麼加以重用也未嘗不可。

👍【讀心術】

　　領導人就要有領導人的風範、魄力和威嚴。這絕不是在進行個人崇拜主義，而是為了更加有效的管理，是身為領導人不用說也要擔起的責任。而絕不允許下級越權就是一份豎立領導威嚴行之有效又必不可少的責任，不過也是一種發揮領導力的手腕。

# *3*·職位越高的人，給他越多的事

　　企業和個人的發展有賴於優秀的人才，只有集合眾人，發揮他們的才能，才更容易在激烈的職場競爭中取得勝利。明確不同崗位和職位上人的責任，將責任進行合理的劃分。職位越高的人給他越多的事，即使領導者分內的事，也是如今建立非凡功業必經之路。

　　美國通用汽車公司歷史上最偉大的領導者斯隆，在其管理實踐中，對人事的有效把握和極度重視決定了他的成功。在公司的高級主管會議中，領導人斯隆大多把時間花在人事的討論中。他讓大家積極參與策略的討論，甚至把話語主導權交給主管會議的專家。其他的事情他過問較少，但是一談到人事的重大議題，斯隆本人則必須掌握最終決定權。

　　斯隆認為，中層管理人員是實踐組織決策的推手，自己的治理理念必須通過他們才能得到貫徹實施，因此治理好中層管理人員，才能使企業安定有序地發展。所以，必須重視高層中層管理人員，在對他們的決策問題上要避免失誤。在人事安排上，領導人扮演著裁判的角色。只有通過他們落實決策的任務，才能保證管理的有效，任務的實現。正因為斯隆重視人才尤其是高層中層人才，善於通過他們落實任務，才實現了自己領導期間的巨大成功。

　　許多領導人在實際運作中，往往容易陷入日常事務管理的泥潭不能自拔，管理績效也不能達到理想的預期目標。秦始皇每天批閱奏摺一百五十斤，就連婦人吵架爭執的事情他也管理，可謂日理萬機，但最後卻因勞體

傷神，勞累過度而亡。最終也沒有擋住權勢被他們竊取。

兢兢業業，日理萬機卻收不到理想的成效，不是不夠努力，而是沒有找對方法。事實上，每一位領導人都追求卓越的管理，最高明的策略不是跟隨表面的變化採取行動，而是把握管理的一般原則，只做自己該做的事，不做部屬該做的事。

唐代詩人張九齡在《選衛將第八章》中提到：「欲治兵者，必先選將。」松下幸之助總結自己七十多年的經營管理經驗也指出：「集合眾智，無往不利」。在一個企業中，最重要的就是會用人。領導人的本領再大，也是有限的，善於使用人才則可以延伸自己的智慧和才能，實現戰無不勝。

既然有能力強、職位高的人等待著發揮，那麼就給他們機會盡情的發揮。在實際的操作中，領導者和管理者要做到以下三點：

（1）手握權杖為先

領導的本領高低，其實就是他們運用權力能力的高下。一朝權在手，便把令來行。如果沒有權，那麼領導就不能被稱之為領導。如果有了權卻不會用抓不牢，那也不值得讓人興奮。領導人手握權杖並不是要像始皇嬴政一樣大權獨攬，而是要通過自己手中的權力，不斷的招賢納士，為自己所用，在不斷鞏固自己的權勢的同時，創造出更大的價值。

所以，在平時的工作當中，領導人要善於提拔下屬。一個人的能力再強也抵不上多個人的能力之和，通過提拔下屬，培養他們對自己的忠誠，有效的執行自己的命令，從而鞏固自己的權力，維持上下級之間的關係。

下屬需要依靠領導獲得進步，領導則需要下屬的服從和服務來增強實力。這是相互服務、相互利用、相互獲益的過程。而領導者從中得到的回報遠遠大於他所付出的成本，是鞏固實權的明智之舉。

（2）適當放權其次

掌權雖然令人興奮，但也要懂得合理妙用才好。適當的放權既能有效的發揮下屬的積極性，保證人盡其責，事有所為。尤其是對高職位的人，一般職位越高所管理的事情和帶領的下屬越多。如果領導人自己都把事情做了，就相當於把他們晾在一邊，無法發揮功用和價值，那麼就沒有人再願意為你效勞。

適當放權，合理授權，就是職位越高的人給他越多的事，他才能將事情分配給更多的下屬。一件龐大的事情，當被分成若干份得時候，不僅各有專攻，保證品質，還能保證效率。

通過授權給職位高的人，其實也是一種責任的授予。當每個人獲得了一件事情的主宰權的時候，也就意味著責任的分割和遞接。有效的責任劃分也是積極主動性的調動，領導者不需要面面俱到，只需要集合眾人的智慧，碰撞出強大的火花，帶來更多的收益才是目標。

（3）合理調控在後

古人講「明主治吏不治民」。大臣和官吏只對自己的上一級負責，他們的任務則是具體的管民。皇帝的任務和角色是就對整體進行合理調控，對官吏進行直接管理，保證整個國家的平衡和穩定。官場如此，職場也如此。

領導人授權後還要合理的調控，才能避免不利的後果發生。而他們調控的對象就是那些高職位，直接對他負責的人。具體的管理細節和事務交給下一級下屬，那麼這些下屬的工作能力和成效就要受到自己的調控。其中兩點需要注意，那就是既要避免高職位的人驕奢安逸，不做實事，又要避免他們自恃權勢，籠絡下屬結成幫派，架空自己的權力。這些對領導人

的權勢和利益都不利，也是要調控的重點。

所以，也就明確了領導者的基本職責，也就是無為而治。在企業管理系統與組織架構中，構築起良好的治理體系，給職位高的人盡可能多的事，然後只對他們進行有效的監督和管理，實行自上而下、成系統的管理。不放人不管，也不代行職權，擾亂規則，在明確各自職責的基礎上實現高效的管理。

無論是國家治理，還是職場管理，都有他固定不變的哲理，那就是領導人要以包容的精神適當給下屬權力和職責認同的自由，就會調動他們的積極性。沒有人喜歡時刻被他人盯著、管著，即使是領導對下屬，也需要適當的行動自己和決定自由，人才能上動發揮自己的聰明才智，主動有效的完成任務。

👍【讀心術】

其實，此處的責任劃分說的就是人力資源的重要性。人力既然是一種資源，就要好好的用。越是職位高的人，越說明他有足夠的能力擔當重任，替上司分憂解難，為公司創造更大的價值。所以，領導者也善於利用這一點，而且要樂於放權和事兒給他們。只有對自己有了信心，才對自己的管理和下屬充滿信心。敢用人、善用人、會放權的領導者，才是領導人魄力和實力的體現。

# *4*·成功了是大家的，失敗了要自個承擔

一榮俱榮，一損俱損，是一個團隊集體的命運。成功時，每個人都有功勞和苦勞，每個人都是做出了貢獻的人，成功是屬於大家的。但是，在失敗時個人就要勇於承擔責任，不推脫，用自己的行動證明自己擔大任的能力，如此才能贏得大家的擁護。

李亮在一家雜誌社工作。憑藉出色的才華，有一年他編輯的雜誌獲了大獎。起初，李亮沉浸在喜悅中，但是過了一個多月，卻高興不起來了。他發現，社裡的同事，包括上司，都在有意無意和他作對。

原來，得了大獎以後，老闆給他發了一個紅包，並且當眾提出了表揚。最後，還點撥他「表示表示」。實際上，這本是件可以討巧、有人情可做的事，李亮完全可以借助這次機會「籠絡」一下人心。但是，他把事情搞砸了，不但沒有現場感謝上司和屬下們的協助，也沒有把獎金拿出一部分請客。這樣一來，大家都不買帳了，眾人雖然表面上不便說什麼，但心裡卻感到不舒服，和他產生了隔閡，自然就和他作對了。

上司也是覺得李亮是可造之材，所以想多幫幫他，不時的給他機會在大家心中豎立良好形象。想不到他不知道利用這個機會，結果讓大家覺得他將成功據為己有，不懂得與大家分享，錯失了贏得好人緣的時機。最後，同事間的關係越來越冷漠，兩個月後，李亮就感到再也呆下去了，最後不得不辭職。

在職場中，個人的任何行為和成就都不可能離開團隊的作用和影響。

不管個人承認與否，規則就是成功的果實是屬於大家的。即使榮耀歸於你，你也要大方的與大家一起分享。只有分享到了你的成功的人才會喜悅，才會覺得你是一個可以甚至值得交往的人。否則，就很容易被認為是忽視他們的存在和價值的人。

失敗也有著相似卻相反的道理。它不是要你拿出來分享，而是要個人承擔。對於個人的過失造成的失敗，勇於承擔是義不容辭的責任。而當時集體出現的過失時，你也要用自己有力的肩膀盡可能多的承擔，彰顯應有的氣度和胸襟，以及能擔重任的魄力。

馬雲在談到他和他的團隊的時候，他交給了我們成功與失敗的區別定位。他說，2001年的時候，我犯了一個錯誤，我告訴我的18位共同創業的同仁，他們只能做小組經理，而所有的副總裁都得從外面聘請。現在10年過去了，我從外面聘請的人才都走了，而我之前曾懷疑過其能力的人都成了副總裁或董事。他們現在都非常出色，因為他們相信自己的能力。而我的錯誤就是沒能夠充分的相信他們，沒有帶他們一同享受走向成功的喜悅。

慶幸的是，馬雲醒悟的比較早，比較及時。所以，在他最困難的時候，只有一小部分人同他並肩作戰，而他們就是馬雲生死與共的同事。他們說：「馬雲，未來兩年你不用給我發薪水，我會和公司一起堅持到最後，，因為你尊重我們，因為客戶需要我們。」

看似簡單的話語卻道出了驚心動魄的歷程和這之間的種種波瀾。但是，馬雲對員工的依賴和關心員工，終換來了他的團隊對他的支持，成為唯一能夠改變一切的力量，幫助他實現了他們的夢想。

老子說:「有所作為而不自恃，成就功業而不居功。只因不功勞自居，而其榮耀永不消退。」當人人都意識到榮耀與他同在的時候，那麼每個人

都是可以信賴和依靠的。當你講責任都推卸到他們身上的時候，他們就會覺得你是不值得信賴和依靠的。成功時對下屬不離不棄，那麼失敗時下屬就會對你不離不棄。

所以，要想真正的實現職場質的飛躍，不僅要堅守自己的責任，還要注意遵守相應的規則：

（1）與大家共用成果

作為一名成功的職場人士，不管是領導還是普通的員工，都應學會欣賞成功的美妙，應設法讓你的同仁分享你現有的成果，別忘了，分享是讓打擊親近你、擁護你的最大激勵。

而且，當你加官晉級，同時也把你的成果與手下的員工分享，可以想像下屬會是何等地忠誠，這樣的部門也必然是上下一心、齊心協力、謀求更大進步的部門，動力十足，也就必然充滿活力，效益不斷上升。

（2）主動承擔責任

大膽地放手讓下屬獨立工作，尤其是在下屬工作有失誤時，要及時幫助他進行分析判斷，積極尋找解決問題的方案，並為下屬工作的失誤承擔責任，鼓勵他吸取教訓，繼續做好工作。日本管理學家士光敏夫在《經營管理之道》中說過：「人越早負重任，進步也就越大，在工作安排上，要實行重任主義。」所以，主動承擔責任對自己來說也是一種進步。

（3）重視他人的建議或意見

允許他人有參與決策的機會，並努力創造一種民主決策的氛圍。平時要經常啟發下屬發表意見，調動他們主動參與的熱情，培養他們創造性思考問題的習慣。搞「群言堂」，不搞「一言堂」。

（4）尊重人才，充分信任

　　尊重和信任是歸屬感產生的基礎。如果不尊重下屬，就會產生心理上的疏遠，也不可能調動他們的積極性。充分信任，就是要做到「用人不疑」，只有對下屬充分信任，才能激發他們的創造潛力。

**【讀心術】**

　　成功的人不在少數，可以說是比比皆是。但是，絕對沒有永遠的恆久的成功者。存留下來的和逝去的成功者的最大區別就是前者懂得分享成功，而後者似乎成功只屬於自己。同理，失敗者也沒有誰天生或是一生都是失敗者，即使失敗了，勇於承擔責任，照樣能夠轉敗為勝。這其中的道理和滋味只有深切的踐行和體會才能更有說服力。

## 5 · 環境差不是你的錯，抱怨卻是你不對

工作的環境不可能讓每個人滿意，因為單純的環境，或是同事，或是領導等等，磨合的過程磕磕絆絆也難免。這些也不是我們個人可以左右的，但是可以左右和改變的是我們自己的態度。如果將注意力放在這些無足輕重的事情上，從而抱怨不止，那麼耽誤的只會是我們自己。要想在職場中做出一番成就，就要停止抱怨，做好分內的事，才能把握機會實現進步。

那年夏天，甲乙兩人同時畢業，進了同一家小機關，住進同一間宿舍。雖然環境閒來無事時，但是二人總喜歡暢談彼此未知的前程。

他們都不甘於平庸，都自認為還算有才幹，正所謂「萬事俱備，只欠東風」。這個「東風」，自然是機會。很快機會來了。

市局準備成立資訊採集管理中心，招募本系統內既精通業務又懂得軟體製作的人才。起初，甲和乙都動了心，填了報名表，通過了資格審查。在前去報到的關鍵時刻，乙退縮了。他對甲說：「你我都很清楚，我們業務上沒得說，但在軟體的研發方面確實不在行，此去是試用3個月，到時如果不合格被退了回來，臉面何在？」甲答道：「機會來了就要抓住，大不了邊幹邊學，比別人勤奮10倍，努力10倍。」乙笑著搖頭：「沒那麼容易，只怕最後機會沒抓住，反成眾人笑柄。」

甲沒有被退回來，一年後正式調入市局。正如他所言，最初的那段時間，他是全單位最底層但也是最低調、最勤奮的人。他尊重同事，勤學好

問，樂於吃苦，為了彌補軟體方面的缺陷，硬是拿出了當年考大學的勁頭去學去鑽研。甲親口告訴我，他之所以被留下，並非因為電腦水準提高得有多麼快，而是他在工作中體現出的拚搏精神、處理人際關係的妥帖周全打動了領導。現在，他成了市局資訊採集管理中心的副主任，專門負責協調、保障工作。

甲依然在抱怨環境的不盡如人意，但是也依然沒有等到機會的青睞，在失落與迷茫交織的日子裡，乙經過反思，認識到再這樣抱怨下去，恐怕再多的機會也要離自己而去。所以他變得沉著，更多的時候是在思考和行動而不是抱怨。

再一次，單位裡來了個上級要來檢查的任務。主任找到乙，囑咐其把情況梳理好，準備一份彙報提綱。乙不僅文字材料準備的充分，而且還借用多媒體的形式進行了形象生動又全面的介紹，讓前來的領導都是眼前一亮。最後，乙成了整個地區的宣傳人員。不久後，他也因這次的突出表現被調往了市區。

人在職場中什麼樣的環境都可能遇到，想要更好的，關鍵是能夠自己努力把握。有的人非常幸運。可以一開始就擁有機會。有的人雖然普通，但是會把握機會。有的人則是抓不住機會，但是也可以自己給自己創造機會。

無論是哪一種，都要首先做好自己的本職工作，做到不抱怨多做事。如果連自己的職責都不能做好，那麼，再多的抱怨，磨破了嘴皮也沒有用，說不定還會為自己帶來災禍。

只需要一個小鐵釘便能使一個輪胎破裂；一個小零件的失靈能使一架巨無霸客機墜毀；誤會能引起雙方的戰爭；一句忿怒的話能引起互相中

傷。事雖小但影響卻大，因為這一切都在我們生活的層面裡，它能影響我們吃早飯時的心情，也能影響我們在超級市場排隊等算帳時的態度，更容易影響我們上班的心情和職場的前途。

我們很容易抱怨，以至於有時我們都不察覺。抱怨與感恩背道而馳；抱怨與信賴互不相容。對於那些經常抱怨老闆對自己不公，同事對自己不平，時刻存有抱怨情緒的員工，即使其業績顯著，也不會被老闆看重的。老闆之所以為老闆，自有他的優勢，年紀大，資歷深，經驗足等等。同事也是，他們肯定都有他們的職場生存之道。不要將他人的努力和能力當成是對自己的迫害和不公。我們沒有權力無端的將他人列入我們的不利環境當中，肆意的不斷抱怨。

不可否認，適度的抱怨是很好的心理調節方法，而積極的應對才是關鍵。或許你的優點會遠多於老闆，但優勢並不等於優點。老闆有的是優勢，你處在弱勢，所以將優點變成優勢，才是在辦公室裡應該積極做得事情。

（1）認清抱怨的消極作用

戴爾・卡內基說「任何愚蠢的人都能批評、譴責和抱怨別人，但寬容與理解卻需要修養與自控。」抱怨是最消耗能量的無益舉動。當我們抱怨我們的環境不盡如人意的時候，我們其實也在抱怨我們自己。但是，抱怨一大堆後，我們會發現抱怨並沒有用，原本的狀況也並沒有改觀。他人更不會因為我們的抱怨而遷就我們，只有我們在抱怨中自怨自艾。

（2）不可因抱怨誤人誤己

抱怨是一種逃避，通過逃避關鍵性的問題和癥結，將責任推卸到外界和他人的身上，將注意力集中到了自己的嘴巴上，不僅自己認識不到自己

的錯誤，不能明確應該採取的改變現狀策略，還容易分散人做事的精力，從而變的越來越容易抱怨，越來越懶散和喪失進取心。要知道，很多時候我們抱怨的對象都是我們分內的事情，如果我們摒棄抱怨，擔負起自己的責任，那麼，抱怨的因數也就會隨著問題的解決而消逝。千萬不要一味抱怨，斷送了上班的人好時光。

（3）眼睛盯著別人的長處

當我們抱怨環境時，抱怨處於我們周圍的人和事時，不妨先冷靜下來好好地分析下我們為什麼要抱怨他或者他們。或者是他們做事邋遢，或者是他們太小人，或者是他們權力比我們大，更或者是我們嫉妒他們等等。

諸如前兩項的原因，對於我們是很好的鞭笞作用，看到他人的缺點就要提醒我們絕對不能像他們一樣。而諸如後面的情況也是不可否認的，畢竟比我們優秀的人其實很多，嫉妒說明他們身上有需要我們學習的有點和長處。換一個角度看，就能獲得更輕鬆的心情。正如嫉妒也可以成為我們進步的動力，多多向他人學習，我們也能更成功。

（4）一日三省吾身

抱怨使人上癮，是非常難改的惡習。改掉它當然需要花費一些時間。但是，為了不使抱怨遮住我們發現快樂、走向成功的捷徑，我們必須立即停止抱怨，管好自己的嘴巴，多將心思放到自己的責任上，不能等領導來催促的時候才知道自己的真正責任是什麼。

另外，當別人抱怨的時候，你一定要敬而遠之，遠離是非的漩渦，避免染上或者被染上這樣的惡習。為了徹底的改變愛抱怨的習慣，最好的方法莫過於每日進行自我反思，總結每天自己是否抱怨了，是否加入了別人抱怨的圈子了。如果你發現自己在逐漸的進步，那麼恭喜你正在裡成功越

來越近。

【讀心術】

　　任何職位都有特定的責任，大家很多時候都習慣於將責任當作壓力，通過抱怨來緩解。但是抱怨多是無用功，甚至成為職場中對自己不利的事情的導火索。做一個聰明人，就應該不要關注這些責任和工作之外的事情，任他雲捲雲舒，我們只當雲淡風輕的看，做好自己的，既簡單又充實，還能實現最有效地成果。

# 6 · 用耐心把冷板凳坐熱

　　職場中處處是機會，但也時時隱藏著考驗。所以，英雄和成功者不是沒有用武之地，而是用武之地不願意讓那些沒有足夠耐心的人停留。所以，機會可以自己創造，給予要自己把握。這都需要有耐心，負責人，用將冷板凳做熱的努力經住考驗，才能夠真正在職場中得到長久的立足和更好的發展。

　　多年前，初出校門的王芳和李紅是同一批走進那家保險公司的。剛開始，她們社會閱歷淺，人際關係網也沒有形成，只能靠著自己的一張稚嫩的嘴皮子，還有一雙不怕跑細的腿，一次又一次地敲開陌生的顧客的門。遭冷眼甚至不客氣的謾罵，成了她們的家常便飯。有好多次，王芳拖著沉重的腿回到住處，摸摸空空如也的袋子，她不止一次地想放棄。是李紅，一次又一次地勸她，再堅持一下看看，，總會好起來的。

　　但是，王芳終究沒有撐到雲開日出的那一天。她在給了一位客戶名片後的3個月內，曾7次拜訪這位客戶。第一次拜訪時，客戶說，對不起，本人對保險沒有興趣，然後冷若冰霜地將我打發出門外。第二次拜訪時，那位客戶正為工作的事忙得焦頭爛額，根本連理都不理我。第三次四次五次拜訪時，客戶向我發了火，罵她簡直是一個無賴。她頂著這個罵名，卻要一如既往地微笑著退出。在他的辦公室門外，王芳的眼淚瘋狂而下。她對自己說，就是跑到大街上去掃大街，也不再做保險業務了。那一年，是王芳做保險的第三年。她下決心退出這一行，儘管此前王芳已為此付出了那麼

多的努力。那一次，李紅沒有再勸王芳。因為李紅知道，再說什麼也無用了。此後，王芳離開了那家公司，而李紅留了下來。

後來，王芳在那個城市，頻頻更換著工作，工作經歷倒是蠻豐富的，卻沒能夠在一個領域裡做出成就來。而李紅已是當初那家保險公司的業務經理了，她再不必為尋找客戶而費盡口舌，跑斷腿，她已擁有一大批固定的老客戶。每天只是坐在辦公室裡，發發傳真打打電話，每個月的業績就讓人羨慕。在一起隨意聊起最初跑保險的那些日子，彼此間似有無限感慨。

李紅告訴王芳：「其實，當初你再堅持一下，也許就挺過來了。你知道麼，就是你3個月跑了7次的那位客戶，在你走後的兩個月不到就打電話到公司來，找你，，說是要辦理保險業務。可惜你那時已走了，我就接過來了，現在，他是我非常要好的一位老客戶了。其實，像做我們這一行的，莫說三次五次被拒，十次八次甚至幾十次冷遇都可能遇上的。我們要有耐心把冷板凳做熱，等待自己的黃金時間到來才是。」

是的，當有耐心把冷板凳做熱的時候，也就是我們的黃金時間到來的時候。有些人雖然付出了很多的努力，但是終究沒有等到把冷板凳做熱的那一天，左後導致半途而廢，本來屬於自己的黃金時間也沒有降臨到自己身上。

相關統計結果表明，無論在哪個領域，如果想要出人頭地的話，大概都需要將近7年的時間。7年過後，你的黃金時間也就來了。等待自己的黃金時間，不知有多少人想過這個問題。但主宰自己的黃金時間，需要的卻不僅僅是運氣和機會，更需要的是那個黃金時間來臨之前的耐心和積蓄的努力。只有用耐心將責任轉化成更多的努力，才能在等待的那段日子裡積蓄

了足夠的能量，做到厚積薄發。

這是一個需要將冷板凳做熱的過程，通過明確自己的責任，用耐心去等待，去努力，去奮鬥，去收穫。坐冷板凳，這個詞最初起源於籃球場上，因為不上場的球員都坐在場邊的矮凳子上，那些經常不上場打球的運動員就被稱為板凳球員。他們的等待不是毫無目的和意義，既可以一邊休息，有可以一邊觀察對手和己方的戰術和形勢，並想出下面的應對策略。然後，在教練覺得需要他們上場的時候，他們才可以做出應對。

不管上場還是下場，對他們來說都是整體安排的需要，服從任何時候的任何安排是他們的責任。這和職場上的情形有諸多相似之處，不同點就在於職場中沒有教練時刻為我們安排進度和責任，更多的是需要我們的自我安排和調節。明確責任，不斷的去完成，不管過程多麼的艱辛，結果才是最重要的，所以只有這期間有耐心，才能予取到最後的成效。

每個人來到這個大幹世界，都不甘平庸和寂寞，都想有一番驚天動地的作為。當你沒有獲得成功的時候，不是機會沒有光顧你，而是你還沒有付出足夠的努力，沒有用耐心等到機會來臨，然後緊緊抓住。所以，要學習一些策略，有耐心將冷板凳做熱，成功才會在前方等著我們。

（1）用心對待

沒有人願意做冷板凳，但是當這是個人必須承擔、完成的責任的時候，就不得不接受這個冷板凳。但是，有的人將冷板凳看作一成不變，所以甘願永遠這麼冷下去。有人不幹長久的做這樣的冷板凳，所以一氣之下揮手走人。這兩種或多或少都有些不負責任，因為置之不理或是棄而不管都是承擔不起的表現。

冷板凳你將他看作敵人，他就會跟你過不去。你將他看作朋友，他就

會慢慢的和你熱絡起來，知道可以幫助到你。其中的關鍵是我們要懂得用心去對待我們的責任，無論是人還是事，和我們之間都會存在一定的心理感應。

（2）小不忍則亂大謀

板凳既硬又涼，坐得時間長當然會感到不舒服，但這也正是考驗一個人耐心和意志力的時候。坐不了多長時間就受不了，於是就離開板凳離開送他板凳坐的人的人，注定無法等到板凳熱的時候的所給予你的回報。不僅之前的努力全部白費，到了其他崗位照樣會遇到相似的情況，如果次次都沒有耐心，不能忍受一時的考驗，那麼這樣的人也不會有大的成就。要學會享受忍耐的過程，因為只有學會了享受忍耐才能忘卻浮躁，把握住世界的脈動。

（3）人生需要沉穩與忍耐

愛因斯坦認為自己與普通人最大的區別，就是能夠把散落在草垛裡的針全部找出來，這是一種何等的耐性！坐冷板凳不僅僅考驗的是我們屁股的承受力，更重要的是在考驗我們的心，一顆在孤獨和寂寞的煎熬下依然奮勇拚搏的雄心。面對坐冷板凳，能夠經得住一路艱辛的考驗的人，即使是臨危受命、大器晚成，但是最終取得的成就更大，並且更容易受到人們的尊敬。

【讀心術】

　　冷板凳是塊磨刀石，磨礪時間愈長愈加鋒利。只要具備把冷板凳坐穿的勇氣，我們的眼前就會是一馬平川。忍耐的人生有時不免要甘於寂寞，好在寂寞是生命的多數事實之一種，是提升自己的源泉，而成功者正是在此種忍耐寂寞的跋涉中走出了平凡的世界，讓自己最終接近於不平凡的世界。

# 7.盡快成為本領域內的行家

　　任何一個行業都會有讓人豔羨的佼佼者，他們光彩背後離不開他們對工作的執著和個人能力的卓越。想要在某一行業更好的立足，是每一個職場人都在追求的目標。但是行動起來才是關鍵，在本職工作當中不斷的充實、培養自己的能力，才能更快成為本領域內的行家，走在更加光明的職場路上。

　　在職場中，我們經常聽到這樣的人抱怨說：「才給20000塊，不值得我拿出50000塊的才幹去表現，等你給我50000塊的時候，我自然會上心。」可是20000塊的活你都幹不好，又憑什麼讓人相信你有對得起50000塊的實力呢？所謂人在做，天在看，你在20000塊崗位上的努力總會被欣賞你的老闆看在眼裡，只要人家有適合你的崗位空缺出來，都會首先來邀請你轉崗。

　　曾經有兩個IT工程師，同時進的公司，一個人覺得該公司給的待遇普通，不值得他加班賣命，於是每天上班準點來，下班準點走，凡是公司內部的IT維護需求他就打官腔走流程，讓人家網上先填表申報，系統認可後轉到他這裡再去給人家修護，不管人家的問題是不是緊急、會不會影響到公司業務，反正他就是公事公辦，誰也找不出他毛病卻也沒人說他好，於是他一口氣做了十年的IT工程師，期間換過幾間公司，薪酬雖然通貨膨脹也加了一些，卻稱不上實質性的飛躍，因為他的職務到現在還只是IT工程師，工作職能多少年都沒有什麼大變化，因為沒有公司願意為這樣一個標準化的職位多花高於市場價一分錢。

　　另一個IT工程師，當公司業務產生影響的網路問題時，他都會第一時間去維修，並且一邊維修，一邊讓對方盡快申報走流程，維修的時候，還會順便瞭解下那個部門的業務和IT支援需求，在每週的IT支援報告裡都會更新自己的內部服務方案。作為維修後跟蹤，他不僅會正視自己的錯誤，及時的加以更正，還會申請定期參加各部門的例會，瞭解人家的業務動向，還時不時地在人家的會議上彙報自己近期的IT支援工作，每次IT部的工作回饋調查中，他都能得到最高的評分。

　　後來客戶服務部欣賞他的服務意識，邀請他轉崗去作客服經理，實現了他第一次轉型，增加了他的客戶服務經驗;後來因為他在那個崗位上的出色表現，又獲得了轉去公司大客戶部做高級客戶經理的機會，後來短短8年間，他就輾轉做到了該公司在華某事業部的總經理，薪酬現在應該是他那位IT工程師同事的6~8倍了。

　　，如果你只能做月薪2000的工作，或者是甘於做月薪2000的工作，那麼，你就看不到更遠的目標，不具備更高的職場素質，當然也拿不出1萬的範兒。即使你永遠不犯錯，永遠做的對，你也不會有更高的薪水，更好的機會。

　　所以說，，為走好自己的職場之路，即使你現在只賺2000，也要馬上拿出1萬的範兒來，盡快成為本領域內的行家，表現出讓人側目的職業態度，努力去瞭解掙1萬的人都需要具備哪些素質和能力，然後時刻參照他們的標準去要求自己，並在關鍵時刻勇於接受超出2000塊職責的挑戰，然後努力把事情做好。只有按照如下方法對應的做好了足夠的準備，才有實力迎接更高層次的挑戰，有機會擔當大任。

　　（1）明確責任

工作就意味著責任，責任意識會讓我們更加卓越。無論在什麼樣的工作崗位，我們首先都要對自己的工作負責。接受任務就意味著承諾，有了承諾就必須按時完成，實現優質工作。每個人所做的工作，都是由一件件小事構成的，責任感也是在許多小事中體現的。對自己負責的員工，最小的工作都能夠做得最好。而在一個優秀員工的眼裡，工作絕無小事。做著簡單的小事卻不認為是簡單的小事，這是優秀員工的一個特質。

老闆心目中的員工，個個都應是負責人。只有主動對自己的行為負責、對公司和老闆負責、對客戶負責的人，才是老闆心目中良好的公司人。大家認為一個人有責任感，就是表明這個人是值得信任的。在工作上得不到信任的人，只有更加努力地承擔自己應該承擔的責任。

（2）工作主動

「那不是我的工作」「我現在很忙」「那是他的工作」「我不知道該如何幫你」等等這些話語，不僅體現不出我們的責任，也無法體現我們的主動性。沒有主動的工作，在發現問題、解決問題中歷練，那麼我們永遠也不會成長。

不能保持長久競爭力的員工是經不住時間的考驗的，也不會脫穎而出實現成功。沒有人會一直盯著我們的工作，我們只有靠自己的責任感來保證工作擁有高品質的效率。凡是具有主動性的人，世界都會賦予他巨大的褒獎。所以，我們只有主動行動起來，我們才會更早的成為本領域內的行家，成為不老的常青樹。

（3）激發潛能

應付困難的能力和創造事業的才能，都只有在重大的責任壓力下才會激發出來。當你發現自己在職場中，在自己的崗位上並不具備較為突出的

競爭優勢時，靠敢於承擔責任激發出你的潛能，才可以竭盡全力來打開新的出路。

　　一個充滿責任感的人，一個勇於承擔責任的人，會因為這份承擔而讓生命更有力量。偉大人物都是在需要和奮鬥中創造出來的，只有覺悟到自己的被需要，堅守自己的工作崗位，勿推辭，在被需要中激發出全部潛能，然後逐漸走向成熟，走向行家的隊伍。

👍【讀心術】

　　英國大都會總裁謝巴爾德在位時有一句名言：「要嘛奉獻，要嘛滾蛋。」他強調，在其位，謀其政，不要找任何藉口說自己不能夠，辦不到。他要求他的員工在他面前不能因幹不好工作而找理由推脫責任。個人有了這樣的心態，才會在想著奉獻和責任當中不斷的磨練自己，提升自己，只有盡快成為本領域內的行家，才能更加高效的擔負責任。所以，這是一個雙贏的過程，尤其是對職場中的我們來說收穫更大，百利無一害。

# *8*·不要擋著別人的財路

聰明的人往往容易成功，就在於他們不會做擋人財路的事。想要在公司中立足，就必須堅守自己的本職和良知，不擋他人財路，努力為自己謀福祉才是重要的。

小吳在王經理手下幹活，因為他精明能幹，而且很是會處事，所以對王經理幫助特別大，王經理也很依賴他。不過，小吳很明白，王經理也很有能力，自己在他的手下再怎麼努力，也很難有更大的發展空間，想要取得實質性的進步，他就必須尋找其他的機會。

就在小吳為此頗感苦惱的時候，他聽說另外一個部門有一個空缺，是很重要的職位，如果做得好將來的發展空間肯定很大。小吳意識到自己的機會來了，所以馬上向王經理提出了自己的想法，希望他能夠理解並支持自己。並表示不管到哪裡，只有王經理有需要，他都會義不容辭。但是王經理說什麼也不肯放人，他不想讓自己好不容易的一個得力助手走掉。最後看小吳很堅決，他也就沒有再說什麼。

之後，小吳遞交了調職申請，並且打聽了其他的申請者。經過分析自己和對手，他認為自己的勝算把握很大。但是結果卻很讓小吳失望。他落選了。意識到自己失去了一個很好機會，小吳情緒難免沮喪，工作時和從前比也缺少了一點熱情。這是，王經理就安慰小吳，讓他安心工作，一有機會一定幫他爭取。小吳也就面對了事實，決定繼續努力工作，等待機會。

但是，就在一切都要過去了的時候，小吳聽到了一個讓他又震驚又生氣的消息。原來本來選上的是他，但是因為王經理突然說小吳剛接手了一個很重大的項目，關鍵資源都在他那兒，現在將他調離不利於項目的進行，也會影響公司的利益。所以最後才選了其他人。

小吳知道是王經理故意這麼說的，因為他那時候已經把一切都做好了，就準備換新的崗位。沒想到自己一向信任的王經理居然這麼不通情達理，為了留下自己居然拿自己的前途當犧牲品。越想越氣的他知道現在已經無法挽回自己的機會。所以，在以後的工作中他就找機會給王經理找差錯，甚至故意出現失誤將責任推到王經理的頭上，害得王經理差點職位不保。

任何人在任何職位，都會為自己考慮。為了自己的利益，難免會做出一些超出常理的事情。但是，有一點是不能做的，那就是擋著別人的財路。自己可以為了自己的利益而努力爭取，那別人為何不可呢？如果你強加阻攔，或是無意為之，都會被別人記在心裡，日後做出對你不利的事情。

常言道：「人為財死，鳥為食亡」，人人都是為了利益在這個社會上生存和競爭的。職場中的人們做事千萬別做絕，好處自己全部得盡，這樣的話你得勢時雖然做到了初一，但等你失勢時人家就會做到十五，到頭來自己說不定就會被人算計到，所以有好處時一定要分人一懷羹，這叫「與人方便，自己方便」。

李敖好像什麼都評論，什麼都說，但是他自己就說過，他是有原則的人，他從不擋別人的財路，所以才會安然到今天。著名綜藝主持人小s經常「口無遮攔」，對別人的言辭也極為犀利。但是，就是她這麼大膽的作風

也沒有犯了他人的禁忌，因為她知道什麼該說該做，什麼不該說不該做。正是因為她懂得分寸，所以，才會越來越紅，事業如日中天。

其實，不擋人的財路，是一種為人處事應該覺悟到的責任，是不用說我們都應該做到的。人往高處走是十分正常的事，自私只會自封後路。無論是有意為之還是無意為之，對對方來說造成的損失和傷害都是無法彌補的。有意無意之間不存在什麼差別。只有認清自己的責任，看清自己和他人的位置，放寬心態，學習一些處事的技巧，才是我們應該多加補習的職場學問。

（1）成人之美手留餘香

人都有爭強好勝的習慣，所以大多數人都總想比別人多得一點好處，多占一點便宜。其實這是職場做人的一大禁忌。職場複雜多變，今朝你有權有能力多占一點，別人少占一點，那麼明日他人得勢就會加倍的奉還給你。

一個人想要好處占盡，到頭來可能一樣都撈不到，只有那種懂得把名聲讓給別人，自己占盡「便宜」的人才是真正高明的人。在關鍵時刻處理好各人名與利的關係，不損人利己，懂得成人之美，這種人才是真正聰明睿智而又成功的人，日後還能收到一定的回報。

（2）做個有「心機」的人

鋒芒太露易傷人，會給自己豎立太多的敵人。大愚若智的人容易擋著別人的財路，被別人當作障礙物清除掉。這樣的人都是不夠聰明的人，沒有心機和技巧，不管必要或不必要，不管合適不合適，時時處處顯露精明，不僅不會幫助你取得成功，往往是招災引禍的根源。

真正有心機得人絕不是耍小聰明、爭小名小利的人。聰明是一筆財

富，關鍵在於怎麼使用。有智慧的人會使用自己的聰明和智慧，那是因為他們深藏不露，不到火候時不會輕易使用。他們保持自己的自知之明，曉得能爭取的時候不傷人，不能爭取的時候要讓人。總之不擋別人的財路，只為自己謀生路。

擋別人財路的事是非常危險的，有時候損人利己，得到的利卻是暫時的。有時候不為財和利，只為顯示自己的能耐去擋別人的財路，滿足不了自己的虛榮心還容易將自己陷入無法自拔的境地。總之，擋人財路對自己絕對沒有好處，如果能夠大大方方的做出善意的姿態，那麼表面看似對自己沒什麼益處，其實是一種人情的累積，關鍵時刻它比金錢和權勢都重要。

👍【讀心術】

無論是什麼場合，可以大智若愚，不可以大愚若智。可以深藏不漏，不可以處處顯山漏水。人貴有自知之明，懂得劃分自己的責任和義務，知道什麼當為，什麼不當為。如果甘願一身試水，那麼不是濕一片衣的問題，而是粉身碎骨的車心之痛。所以，好處和利益當取則取，不當取就大方的讓開道路才是真正的聰明。

## 第八章 去留的玄機

### ——你是主動跳槽，還是被炒魷魚

　　現代企業管理注重提倡以人為本，這其中既包含重用人才，也有解雇庸才的意思。因此，去留會發生在任何一位有可能的上司和下屬身上。有主動跳槽，也有被炒魷魚，關鍵看個人對去留的玄機的把握。因此，對大多數人來說選擇主要有二個方向：要嘛憑藉自己的實力和能力留下來或主動跳槽，要嘛被別人利用，被炒魷魚，被掃地出門。前者握有較大的主動權，後者則完全是被動的不得不接受悲慘的命運。

　　沒有人想要遭遇悲慘和悲劇，當問題發生時，正確的抉擇就是勇敢地分析局面，冷靜地找出原因，總結經驗，避免重倒覆轍。然後，秉承做事之前態度審慎，做事過程中節制不張狂的原則，不僅要三思，更要行動，用行動化解危機，詮釋去留的玄機。

# *1*·誰是獵頭公司名單上的紅人

　　成為獵頭公司名單上的紅人，不僅代表著不會被炒魷魚，而且還我有主動跳槽、跳跳到更好的主動權。這是去留玄機的所在處。職場中不會被淘汰和拋棄的永遠是那些能為老闆創造巨大經濟利益和價值的人。要想成為職場紅人，創造屬於自己的成功，能力是首要的。

　　提到華人首富李嘉誠大家都知道，但是在他取得巨大成就的背後好缺少不了另外一個紅人的身影，他就是被《富士比》雜誌評選為非美國企業全球最高薪行政總裁第一人的霍建寧。

　　1979年，霍建寧加入長江實業。他在金融財務方面具有卓越的才幹，，工作作風踏實，深得李嘉誠的信賴和栽培，於是一路晉升，1993年登上和記黃埔總經理之位。和記黃埔是一家業務遍佈全球的大型跨國企業，但當時正處於低谷。有人形容當時的「和黃」（和記黃埔的簡稱)是個「燙手的山芋」，因為在80年代後期，受海外業務虧損的拖累，和黃的股價長期走低。但當霍建寧接手後，通過不斷重組，很快將業務扭虧為盈。

　　其後，他又借助赫斯基石油的良好表現，在加拿大借殼上市，為集團盈利65億港元。此外，他又接手處理虧損多年的歐洲電訊業務，運用高超的資本運作技巧，再次扭虧為盈，為集團盈利超過1600億港元，創造了全球商業界的一個神話。他的薪金達到了1.48億港元。

　　對於這樣的人物，在業界早已經家喻戶曉。能為老闆創造巨大經濟效益的員工，而且又是如此的能擔重任，值得信賴，不是老闆眼裡真正的

紅人才怪。如果實現了這一步，就相當於已經將自己這份金字招牌打了出去，名揚在外，優厚的回報肯定是在等著他，自然也是更多獵頭公司心目中的首選紅人。

成就不在於大小，而在於個人所處環境和地位可以給自己的空間。如果只是普通員工以為，卻整天想著成就總裁般運籌帷幄的事業，不懂得腳踏實地走好現在自己的每一步，那麼這樣的想法比空中樓閣還荒謬。

只要能想到，就能做到，此心可嘉。但是不怕想不到就怕做不到，關鍵還是要行動起來。老闆看人終究還是看能力和效益，有就代表價值，沒有就什麼都代表不了。因此，要想成為老闆和獵頭公司名單上的紅人，就要自身具備不可替代的價值，並能不斷創造更大的價值。當發展空間不足的時候，手握能力，不愁找不到更廣闊的發展空間。

鋼鐵大王卡內基所說：「一個不能給他人帶來財富的人，自己也無法獲得財富。你必須持續地為他人創造價值。」那麼同樣的，只有能夠為公司和老闆創造出價值的人，才會首先成為老闆心目中的紅人，然後才有可能成為其他獵頭公司名單上的紅人。

（1）能者多勞多得雙價值

當為奮鬥在工作的道路上，為公司和老闆創造出價值的同時，也是個人價值的體現，起碼是個人勞動價值的體現。人都希望自己的勞動被認可，並得到回報。這種期望不僅無可厚非，而且合情合理，因為它是促使人前進不可缺少的動力。勞動的多，得到的就多。

任何投機取巧或是懶散對待工作的人，不能為他人創造價值，也不能得到自己應得的價值體現。多勞多得只屬於能者，有能力的人才有資格和權力得到一切自己想要的。老闆希望下屬為自己創造更多的價值，有的話

他們會用豐厚的待遇留住，沒有這樣的下屬他們就會挖空心思去爭取。如果你是這樣的能者，那麼，就是老闆和獵頭公司名單上的紅人。如果你還在不斷努力達到這種程度，那麼就請一定要堅持住。雙價值的體現注定了雙贏的局面。

（2）沒有永遠的紅人

沒有一勞永逸的事情，尤其是後浪推前浪，前浪死在沙灘上的職場。只有每天進步一點點，保持旺盛的生命力和增值能力，才能確保自己紅人的地位，做個「常紅人」。

在成為老闆的紅人之前，往往所得到回報並不多。這個時候也是人最願意努力工作的時候。努力工作，用業績來證明自己的能力，得到相應的回報。這是很多人在為之不懈奮鬥的過程，也是一個必然的過程。

但是，最怕的就是得到後的放鬆。一旦被老闆賞識和提拔，薪水、職位都大大提高，生活、物質各個方面都得到了滿足。這個時候就是人最容易驕傲自滿和懈怠的時候。安於現狀，對工作缺乏責任心，對未來缺少進取心，過不了多久，就會被新的紅人替代，老闆打回原形。

所以，沒有永遠的紅人，只有每天都在進步，才能為自己的能力和影響保鮮，為生活增加保險。在人生的道路上，最大的敵人莫過於自己，堅強只需戰勝自己的膽怯，勤奮只需戰勝自己的懶惰，誠實只需戰勝自己的虛偽，堅持讓自己每天都進步一點點是人生成功的階梯。

審視一下現在的自己，是我們對自己進行正確定位的開始。現在的你，有能力創造出價值、體現自身價值嗎？現在的你，已經成為老闆和獵頭公司眼裡的「紅人」了嗎？如果你的答案都是肯定的，那麼恭喜你，因為你已把握住了自己在職場崗位上去留的主動權。如果你給出了否定的答

案，即使你快要實現了這一步，也不要放鬆自己，繼續努力，排除任何有可能超過自己的人，成為不可缺少的職場紅人。

【讀心術】

　　職場去留能者主動跳槽，非者被解雇。這不僅是一時運氣和遭遇的差別，更是個人能力的本職區別。幾乎每一個成功的老闆，手下多少都有一些「紅人」。他們最顯著的特徵就是能為老闆的公司和事業持久創造效益。每一位老闆都希望自己的每一份投資都能產生多份的回報，尤其是對於那些獲得更多薪水的人。能做到的也就是值得被視為得力幹將和紅人的人。

# *2.* 小心你在假期被取而代之

　　對工作中的假期千萬不可掉以輕心，因為越是放鬆警惕的時候越容易發生變故。有的人不斷的得到進步和高升，那麼相應的就有人被放逐或是被淘汰。前者走向成功，後者職場之路多磨難。人人都渴望前者而懼怕後者，主動權不在於上司怎麼決定，而是事態的發展促使上司做出了決定。所以，把握好假期避免被人取而代之是關鍵也是技術。

　　作為經理的君澤工作能力強，表現突出，而且與部門主管平時在工作上也能夠配合默契，輔佐部門主管做好本部門的很多重大工作，所以一直是部門的頂樑柱，平時部門主管很依賴他。一次，因為年前的一個小假期，君澤有和家人一起去國外旅行的機會，這是他期盼很久的。所以，權衡再三，君澤還是找到部門主管請了假，打算利用小假期度一個長假。

　　半個月後，當君澤滿心歡喜的回到公司，突然發現公司有了很大變動。很多同事都升級了，而最有理由高升的他卻被降為副經理。十分不解的他一打聽才知道事出有因，而自己「被拋棄」原來都是自己的這個假期給自己惹的禍。原來，小假期剛過，又因為是年前，所以總公司突擊對各個分公司和部門進行檢查，並對出現的問題進行及時核實。恰巧這時君澤的部門出現了一個不明問題，所以公司追究起來，並讓盡快解決給出答覆。但是因為主要是君澤負責這個項目，很多關鍵事情都要通過他才能得到解決。因為他的不在，問題沒有得到及時有效的解決，所以公司認為本部門工作不力，對部門經理進行了批評，並要求對內部整治，作出各方面

的調整，保證不會再出現此種狀況。

在這種形勢下，部門裡進行了大規模的人事調動，君澤因為耽誤了事情又不在，所以即使升職也當然沒有他的份兒。原來以為，度個長假身心放鬆，可以全力投入工作的君澤此時才發現自己大錯特錯，一不小心自己就在假期被人取代了。

天天忙於工作的職場中人都想要有一個舒適愜意的假期，緩和一下平日緊張忙碌的工作狀態。這是無可厚非的。因為畢竟懂得生活的人就要懂得給自己放鬆的機會，不管是對工作的狀態還是生活的心態都是有好處的。但是，生活的心態可以通過自己進行調整，工作的狀態卻不是完全由我們自己決定。

一旦因為沉迷於假期導致工作上的失誤，就會很容易被責難，即使理所應當的假期也被冠上不思進取、只圖享受的罵名，更有可能在假期發生意想不到的事情，使自己喪失很多好機會，甚至被取而代之。這是置身於競爭的職場社會必須要能夠應對的現實。我們不去爭取，那麼就有很多人在爭取，只要有機會就沒有人願意放棄。

想要有所作為和成就，就必須謹慎小心的對待自己的工作。度假是應該的，在工作一段時間後，來一次徹底的放鬆，才能讓自己的精神和能量得以恢復，只有得到充分的休息後，才能以更充沛的精力投入到工作中。這就是經常需要有週末和假期的原因。但是，這個前提是自己的工作沒有因為自己的假期受到影響，甚至變得更糟。否則，一旦度個假期回來，工作要嘛堆了一大堆，要嘛耽誤了事情，更甚者被別人取而代之丟了飯碗，那麼假期結束了的狀態完全發揮不出假期的作用。

所以，想要盡享假期也要講究方法，只有合理有節制的度假，防止自

己在假期被取而代之，這也是職場生存和去留的玄機之處。安排好工作和生活中的假期，才能保證工作生活兩順心如意。所以，學學以下幾點是對自己工作的有效保證：

（1）選好時間度假

什麼時候度假，假期有多長，都要給自己一個合理的安排。畢竟，雖然是有假期，並非什麼時候都適合度一個長假。工作最要勁兒的時候，你開心去度假，那麼在領導的眼中你就是無心工作，表現不佳。剛剛簽了一個大專案，你甩手走人，說要放鬆完了再全心投入工作，那麼受重用的必定是擔大任的人，而且即使出了問題也不會指望你來解決，因為遠水解不了近渴，能救急的就是能用的人才，自己被替代也是早晚的事兒。

月有陰晴圓缺，那麼工作當然也有輕重緩急。忙時肯定不能度假，有重大人物時也要當仁不讓，才能保住自己的工作和現有的成就，並藉此有更好的發揮。所以，度假只能選在那種工作步調井然有序，大家的工作也都鹹淡適宜的時候，每個人的放鬆都是一種對集體的推助力。否則，別人都忙的不可開交，你卻假期漫漫且悠哉，後果可想而知，不但會引起他人的嫉妒和不滿，還容易被覬覦自己職位的人走偏門代替了自己。

（2）關鍵時刻對上司不離不棄

生活的壓力，讓人們節假日更願意選擇加班，不僅避開了高峰人群也減少了開支，還可獲得一筆高額的加班費。當然這其中也不排除那些由於工作需要而堅守崗位元元元元元元元元元元的人群。此時，注定有些人會因為自己的付出得到相應的回報。關鍵時刻能夠發揮用處的人，即使平時稍有欠缺，此時也會變的重要異常。機會就是這樣靠自己把握的。

每到重大項目來臨或是年末，自己的上司對上要把全年的工作向上面

有個交待，對下還要顧及本部門的利益，一定程度上肯定倍感煩悶煎熬。作為團隊的一員，當然不能不管不顧，選擇陪伴在上司身邊，給他工作上的支持和心態上的調整協助，當好上司百寶箱的得力助手。關鍵時刻對上司不離不棄，體現的不僅是義氣和真情，更重要的是工作能力的展現和領導的垂青，這是其他時候再賣力表現也不一定能換來的效果。

（3）行動前做好準備

難得忙裡偷閒，忙碌了很久的你決定給自己放個假，約上三五好友去海邊吹吹風，到運動場上酣暢淋漓一番。如果已經決定度個舒心的假期，而且已經在做準備，那麼千萬不要忘了給自己的假期前和假期後的工作做好安排。畢竟，生活不是結束在這個假期，而是應該因為這個假期變的更加美好，那麼假期之於工作也應該是錦上添花。

所以，假期之前保證重要、急迫的事情都已經處理完畢，該約見的客戶已經約見且達到了理想目標，該完成的方案已經經過了多次審核和校對，等等，一切準備就緒，避免假期出現意外情況從而保證不會出現對自己不利的情況。不僅假期可以盡興，節後的工作也會井然有序，更上一層。

另外，即使在假期，也一定要確保自己可以隨時得到有關工作中的消息。畢竟計畫趕不上變化，度假的人是你，不度假的確實千千萬。對自己的工作包括工作的環境消息靈通，才能及時應對，以不變應萬變。

總之，山不在高，有仙則靈。對於假期就是——假期不在長短，有備總會贏。

【讀心術】

　　有人因為假期高升，有人因為假期走人，這之間的區別除了人為原因，還有很多外在因素。但是最主要的還是個人因素。自己的地盤自己做主，更何況是自己的事情。假期可以忘掉有關工作一切不開心的事情，但是卻不能忘了還有工作這麼回事。既然自己做主，就要避免假期被人取而代之，至於是自己主動跳槽還是取別人而代之那就是個人能耐了。

# 3·要求老闆相當忍耐的時候，就等著要被取代吧

　　沒有老闆會忍耐不能有所作為、脾氣又差的下屬，尤其是因為脾氣差自己工作做不好又影響他人的人。成功需要自己為自己權衡和定奪最有利的處事方法，對老闆最起碼的尊重是第一條。只有保持尊重，才不會挑戰老闆的權威和忍耐極限，避免觸及雷區，才能保住自己的職位，這是功成名就的基礎保證。

　　阿健和阿德同時應聘到一家大型企業，雖然阿健比阿德優秀，但是由於面試過程中的消極表現，阿健最後的職位和薪水都不如阿德。所以，阿健難免心中充滿了怨氣和不滿。

　　阿健雖然有固定的工作崗位，但是因為是新人，所以就會被經常的調來調去，說是熟悉不同崗位的職責，有利於以後的工作。阿健總覺得自己這樣是被埋沒了的千里馬，被那些識別不出的人整天呼來喚去，還老愛指使自己做這做那。終於，以此實在無法忍受以為同事讓自己整理一大堆資料，所以開始嘮叨起來。雖然他很小聲，但是還是被同事聽到，同事就說新來的人都要經過這關，這是最基礎的磨練。阿健覺得這是對自己的諷刺，所以就「憤然反擊」，與這位同事發生口角，導致其他人的工作也都受到了影響，最後還是上司出現才平息了大家一時的衝動。

　　之後，這種狀況不止一次的發生。本來上司覺得阿健是新人，一次兩次還可以忍耐，權當是對新人適應階段，但是沒曾想阿健不知收斂，最後與大家的關係都不太好。上司覺得這樣的人留在公司只會給大家帶來不好

的氛圍，而不能因為忍耐他個人而丟掉了整個團體。所以，試用期一到阿健就被公司婉拒了。而同來的阿德卻因為一開始就積極表現，加上後來的虛心學習和不斷的突出表現，不僅轉了正，而且還得到了重點培養。

人的忍耐都是有限度的，更何況是自己的同事和老闆。老闆考慮的整個公司的利益，絕不會為了個人壞了整個公司。如果有人不斷挑戰老闆的忍耐極限，那麼就等於是自找死路。要求老闆相當忍耐自己的時候，被取代被炒魷魚是必然的結果。

（1）你沒有自命不凡的資格

生活中自命天之驕子、名牌學府畢業的人，不在少數，他們大多對工作不滿意，工作中喜歡不停地挑戰別人，看不見別人的優點，對別人的缺點卻不能容忍。對待上司也是，不會把上司放在眼內，對上司毫不尊重，他們甚至可能在上司面前鬧脾氣，或是駁上司的面子。自命不凡的人可能真的有才，但是當他讓別人尤其是老闆忍耐他的時候，他就已經喪失了自命不凡的資格和資本，因為他對老闆來說已經沒有了價值。

自命不凡的人一旦態度惡劣起來就很難得到重用，而不被重用又會加深他們自命不凡的反抗情緒。這是一個可怕的輪迴。當他們被罵了還不改過時，最有效的手段就是把他解雇。因為既然他對上司不尊重，還反過來讓上司忍耐他們性格和素質上的不足，那麼上司的任何決策和指令他們都可能違背，這對公司有害無益。

其實，人人都沒有自命不凡的資格。個人好壞和優劣不是一個人的論斷就能決定的，所以不要只看到自己的優點，看不到與他人之間的差距和相較之下的缺點，說不定這也是別人無法忍受的。只有相互磨合才是對自己最有利的做法，尤其是老闆看到你是一個會做事、會處事的人的時候，

你就知道自己才可能真的能夠依靠自己的能力走向成功，生活的更好。記住，這是你的動力，而不是你自命不凡的資本。

（2）忍耐是成功之道

忍耐是成功之道。對任何人都是如此。臥薪嘗膽的忍耐力不需要效仿，但需要吸取其中的精神激勵我們。但是，此處的忍耐是對自我的約束，不是對其他人，也不是對同事，更不是對老闆。

讓同事忍耐自己，一次的話大家可能勉強可以接受，次數稍有增加大家自然不願與你共事，如果次數再多那麼久不會有人願意看見你了。即使是背後的冷眼也會把你推向被孤立的境地。如果你再讓老闆忍耐你的脾氣，你的抱怨，你的一切一切，那麼省省吧，老闆會很乾脆的讓你走人，不留下任何可以留下的東西的。

日本礦山大王古河說：「我認為發財的秘方是在忍耐二字。能忍耐的人，能夠得到他所要的東西。忍耐，沒有一件東西能阻擋你前進。忍耐即是成功之路，忍耐才能轉敗為勝。」所以，自己一定要學會忍耐，自己忍耐自己，卻不能讓別人忍耐自己。擺架子、耍脾氣的人只會被大家所唾棄。事業成功的秘訣，就是忍耐自己。

（3）表現是成功的階梯

忍耐並不代表我們就要默默耕耘，做一個角落裡不受重視的「蘑菇」。在公司裡，老闆可能沒留意到你，好職位也是僧多粥少，所以做個心理沉默者只有吃虧的份。如何在老闆面前表現你的進步，是你必須學會的重要技巧。

見了上司就噤若寒蟬，一舉一動都不自然起來，處處表現得靦腆，盡量與上司保持一定距離，怕話不投機，硬裝熟絡的話，又恐太扎眼。如此

下去，只會和大家越來越疏遠，也很難能為工作鋪墊出融洽的氛圍。忍耐不是要沉默以致沉淪，表現也不是要溜鬚拍馬，一切都是從自然而然開始的。大大方方地打個招呼，禮貌的問好和告別都似乎不錯的給上司留下好印象的機會。

此外，你更需要加把勁在工作上。不達目的絕不甘休的耐性，樂觀進取的上進心和表現，老闆一定會看得到，而且一定要讓他看到才是重點。這樣相信過不了多久你就能在老闆的嚴重脫穎而出了。

👍【讀心術】

忍耐老闆和讓老闆忍耐完全是兩碼事。忍耐老闆自己可以留下來得到高升，讓老闆忍耐就只有被取代被炒魷魚的份兒。沒有人想要被取代，但並非任何人都能夠做到忍耐老闆並不讓老闆忍耐自己。這就是一種修養，又是一種必須適應社會和職場必須具備的生存之道，去留的主動權就在自己的手中，做個不讓老闆忍耐自己的人才是事業成功的開始。

# *4*·被解雇，你是最後一個聽到消息的人

知己知彼百戰不殆，更要知道現今的社會和職場已經不是一個人獨行天下、做英雄的時代了。老闆也不會為了一匹千里馬而炒掉更多百里駒。知道自己是千里馬還是百里駒，知道自己安身立命的首要任務是與他人建立團隊關係，才能精誠所至，金石為開。此時，才是可以被稱作成功的時刻。

Jin學的是MBA，畢業後進了一家創業不久的高科技企業，頗感委屈地給老總當首任秘書。企業因營運好，很快規模擴大，他從秘書的位置一下子擢升為行銷中心經理。在不到兩年的時間裡，他青雲直上，成為全國行銷區域總經理。

但不久，Jin因與老闆在行銷策略上發生分歧，他幾乎沒做任何考慮，便炒了其實一直待他不錯的老闆的魷魚，跳槽到一家頗有名氣的馳名商標企業應聘副總經理。儘管是副總，但發展潛力很大。Jin想這下自己總算可以出人頭地、大展宏圖了，他把目標瞄準了該公司的CEO。

於是，Jin開始大刀闊斧的開展作為副總的工作，盡情施展拳腳，盡快步上CEO。Jin一直覺得很多下屬的執行力與領悟力太差，他很難與他們合作。所以他開始裁減下屬，精簡人員，出臺新政，雷厲風行。就在Jin覺得自己的成績肯定會越來越好，離目標越來越近的時候，老闆毫不客氣地炒了他的魷魚。

絲毫不能理解的Jin需要老闆給他一個解釋，老闆的理由卻很簡單，那

就是他不能勝任副總的位置。當他回到辦公室，看到那些下屬的時候，發現他們顯然早已經知道了他被解雇的事情，而他們的表情不是惋惜Jin的離去，而是多了一份鎮定和心安。原來，大家都盼著他走，而他卻是最後一個知道的人。

雖然Jin不得不離開，但是他還是充滿了疑問，自己為什麼不適合做副總。心情煩悶的他決定到書店平靜下心情。偶然間，他看到一本書中寫到，人對自己能力的認知分不同種，尤其是在職場中，一種是成功型，自己知道，並且正在運用的能力。第二種是正在走向成功型，自己不知道有，但自己正在運用。第三種是尚未成功型，自己知道有，但現在還沒有運用的能力。第四種則是失敗型，自己現在沒有，卻認為自己有。聯想到自己最近的不順，對比之下，發覺原來自己這就是叫做失敗，自以為有能力，實際上是能力不足，被解雇也是最後一個知道的人，何其悲哀。

其實，不少在職場中工作過的人，常常會犯這種錯誤。可能覺得跟隨能人幹了一兩年，總認為自己具備了駕馭更大氣場的能力，遇到一點不如意，就抱怨，就想著跳槽，跳到另外一個企業卻仍舊無法施展自己的才能。在自認為能力不凡的情況下，遭受突然的解雇也毫不自知自己的不足，因為他根本還不具備這種能力。

當協作幫助其走向成功的時候，有的人為將功勞認為都是自己的成功，反而將他人的幫助當成是一種束縛。於是，渴望到更廣闊的空間施展自己，想要擔當更重大的角色，卻發現自己力不從心，甚至難以立足。這就是個人技能和和諧團隊關係的重要性。而一個人只有在逐漸會經營自己的過程中，才能真正的走向成功。

不想做因不能施展才能整天抱怨的人，不想做被解雇卻是最後一個聽

到消息的人，想要自己把握自己的去留而不是盲目的跳槽卻是越跳越糟，那麼，以下建議就是良好的藥方：

（1）認清自己

知識和勇氣是不朽的。你掌握了什麼樣的知識和能力就成為什麼樣的人。一個人如果真的有智慧和能力，那麼就可以盡情的發揮和施展，可以「為所欲為」。知識和勇氣魄力缺一不可。有識無膽者，能力結不出果子。而空有勇氣卻沒有能力，也注定成不了偉業。

人在職場就如人在大自然中一樣，絕不是完全無能為力，但也絕不是可以為所欲為。只有認清楚自己以及自己的能力，才可以為自己的不足找到補充的方法，為自己的優勢找到發揮的空間。這樣，伸縮才有道，進退才自如。如果連自己有無某方面的能力都不自知卻以為自己很了不起，一定能夠勝任，那麼盲目的後果必然是自食其果，被解雇也還傻傻的做鴻篇美夢。

（2）調試心態

一個人的命運與他的心態有著很大的關係，心態影響命運，影響事業。我們的命運和事業，完全決定於我們的心態。每個人都有目標，並且可以輕而易舉的就制定，但是達到目標卻非易事，不能不考慮其他因素就自以為是的想當然，否則吃虧的必定是自己。

愛默生說：「一個人就是他整天所想的那些。」一時時的順利並不代表什麼，職場有太多外界因素決定個人的事業。成不能沾沾自喜，好高騖遠。遇到挫折不能喪失信心，因為它恰好說明還有不足，去努力彌補才是重要的。無論是哪一種狀況，培養出讓自己覺悟到需要做什麼怎樣做的心態是關鍵一步。

（3）實力實幹

要想獲得成功，聲名顯赫，必須兼有實力與實幹的精神。實力是進步的基礎，而實幹則是進步的階梯。有實幹精神的平庸之輩比無實幹精神的高明之輩更有成就。有的人連最基本簡單的事情都不肯下力幹下去，這樣的人打不牢前進的基礎，怎麼能走好下面的路！

在人生的道路上，最大的敵人莫過於自己，堅強只需戰勝自己的膽怯，勤奮只需戰勝自己的懶惰，誠實只需戰勝自己的虛偽，堅持是人生成功的動力，而實幹與實力是創實績的手段。只要善於累積，增強自己的軟實力和硬實力，不愁辦不成大事。實力和實幹相助，二者才能帶來盡善盡美的結果。

做任何事情都離不開和他人的配合和合作。在職場中尤其是如此。能力不管高低，懂得和他人相處融洽配合默契才能讓自己更上一層樓。在認清自我的過程中，也是認清和他人關係的過程。不能老是認為自己多麼的高人一等，也不能總覺得別人都多麼差勁。當你這麼認為的時候，其實是將自己推離了那些真正可以幫助自己、實現自己抱負的人。所以，有膽有識，有認知自我和外部環境的能力，並懂得與他人協作，保護自己職場的權益。

【讀心術】

　　有的人滿懷信心的走近命運成功之門，看得高走得急，等好運來臨。有的人則更靈活一些，他們審慎大膽，闊步邁進成功之門。他們憑藉實力和勇氣，膽識和運氣，終能抓住機遇、如願以償。缺乏實力可以不斷累積和提升，缺乏勇氣可以不斷磨練培養，但是當缺乏了認識到自己實力不足的覺悟的時候，凡事都是最後一個才自知的人，卻是可悲的開始。

# 5 · 上司也很擔心你請他吃魷魚

上司自有上司的使命和威嚴。業績代表著他的使命、責任，最重要的是功績。威嚴代表著他的地位，為他的功績服務。兩者都不容遭到挑戰和損害。所以，上司很擔心下屬請他吃魷魚。不會為自己消除上司對自己的戒心的人容易被上司視為眼中釘。只有不被上司發現的人，才能在上司的眼皮底下好好的生存，等待成功的那一天。

《潛伏》裡的吳站長經常會大發雷霆。原因就是下屬辦事不力，沒有成績，他自己就會遭到南京政府的責難，甚至是官位不保。所以，他經常把很重要的事情交給下屬去做，對他們充分的給予方便，讓他們辦成事情。對有功之人，他就大家讚揚和獎勵，對辦事不力的人，結果也就可想而知，尤其是「出賣」他的人，他絕不留情，殺之以絕後患，也給南京一個交待，先保住自己才是最重要的。

同時，他也很清楚陸橋山等人的野心，所以，即使其他人如李涯等有讓他不滿的地方，他也會睜一隻眼閉一隻眼，讓他們這些人相互制衡，避免他們個人的權力太旺威脅到自己。所以，他就穩坐站長的位置，看著自己的下屬為了副站長相互爭鬥，互傷元氣，而他坐收漁翁之利。

不明就裡或是被權力沖昏了頭腦的陸橋山等人甘願陷入其中，而余則成在洞悉了這一切後，保持自己在下屬中中立的立場，表明自己對站長的衷心，暗中卻充分的借站長布下的局來為自己造勢，得到盡可能多的情報。這就是他與其他下屬不同結果的根本所在：消除站長的戒心，贏得站

長的信任，讓站長也為自己做事。

職場中處處充滿了危機。不僅做下屬的會怕自己因做錯事被炒魷魚，上司同樣也會擔心會被下屬請吃魷魚。如果他不小心，恐怕就會防不勝防。所以，做上司的往往比下屬還要小心，用他們的老道構築起更強的警戒心。這樣對下屬來說，就必須要學會和上司打交道的方法，小心行事，才能保全自己。

很多下屬都想盡力表現自己，讓自己成為上司的自己人。但是如此，利弊也是各半。當一個上司對你說，你是他的人時，心裡一定要清楚，上司並不是你的人。你是他的，他卻是他自己的。當你的事情與上司的利益有衝突時，他們會毫不猶豫的出賣你。這是鐵的事實。

精明的上司都喜歡找自己比較近的下屬交談。偶爾對老闆交心是必要的，但要有的放矢。上司的交心很多時候都是為了從下屬這裡探聽一下屬對自己的看法、意見等等。如果有任何對自己不利的苗頭，那麼上司都會將之視為極大的威脅，然後想方設法的將它清除。因為他害怕你有一天請他吃魷魚，所以對他來說最有效的方法就是讓你待不下去。

你是上司的人，上司卻不一定是你的人，這層意思一定要明白。無論何時都要記住，自己才是自己的，只有自己才能對自己負責。別相信上司故作親近的話，那隨時都會是陷阱。所以，要想讓自己立穩腳跟，就要想辦法消除上司對你的防範，學些消除防範的技巧，才能增進上司對你的信任和依賴，進而抓住更多的機會。

（1）做精明強幹的下屬

上司是一個單位的頭，單位工作的好壞直接關係到上司的政績，因此，工作能力強弱是對下級的一個評判標準。如果下屬能力差勁兒，態度

消極，老是出錯給上司抹黑，那麼這樣的下屬存活期恐怕比牛奶的有效期還短。

上司一般都很賞識聰明、機靈、有頭腦、有創造性的下屬，這種人往往能出色地完成任務。有能力做好本職工作是使領導滿意的前提。讓上司看到自己的閃光點和有價值的地方，那麼我們才能被重視，從而從上司那裡得到更多的機會。而機會對職場中人來說就意味著擺脫下屬命運、得到更好保障的鑰匙。所以，讓無能無識、愚蠢懶惰都去見鬼，做精明能幹的下屬為自己爭口氣。

（2）盡量投其所好

精明強幹是被重視的前提，但是要注意保持一種低姿態。而這種低姿態就表現在投上司的所好，以人而定。

有的老闆喜歡在員工面前擺一副平易近人的樣子，對待這樣的老闆，多找他談談，多向他反映反映生活上的一些困惑，請他參謀參謀，盡可能讓他加深印象。有的老闆特別在意在下屬面前的權威，喜歡高高在上的感覺，對待這樣的老闆，就要盡量表現自己的忠誠，對他本人和權威的忠誠，談話做事避免過於主動，忽略了上司的威嚴。

這種投其所好不是見風使舵，而是保持融洽關係、消除防範的手段。我們改變不了上司的思想，但是我們可以影響他對自己的看法，盡量規避不好的，讓事情朝著對自己有利的方向發展。

（3）保持距離是關鍵

一方面上司不願跟下屬過從甚密，主要是顧忌別人的議論和看法，再就是他在你心目中的威信。另一方面，從下屬的角度講，與上司走得越近就越容易被對方窺探到自己的內心。任何有上進心的下屬都會希望事業

有所突破，走向更高的崗位。所以，一旦被上司看出就容易為自己帶來麻煩。保持一定的距離是避免麻煩的關鍵。

和領導保持一定的距離，應注意瞭解領導的主要意圖和主張，但不要事無巨細，想要瞭解他每一個行動步驟和方法措施的意圖是什麼。這樣做會使他感到你的眼睛太亮了，什麼事都瞞不過你。這樣他工作起來就會覺得很不方便，戒心就會更強。有一部分事情知其然而不知其所以然反而會更好。

無論怎樣，盡量呈現出自然、本來的自己，不過於強求，也不人云亦云，這樣才能更加的讓上司信任，讓下屬和同事敬佩。立於中央，不自大狂妄、恃才傲慢、盛氣凌人，也不卑躬屈膝、惟命是從、毫無主見，做一個真實的有處事技巧的自己，聰明外加小心，那麼你的能力對上司來說就不會是一種威脅，而是一種賞識。

👍【讀心術】

做錯事對上司來說有一定的限度，如果威脅到他的領導和威信，那麼久必須有犧牲品作為代價。而這個必然的代價就是你的出局。如果過於盛氣凌人，不把上司放在眼裡，那就如同向上司挑釁和宣戰，那麼被踢出局的也是你。聰明加小心就意味著不要威脅到上司，因為在下屬還是下屬的時候，上司就有權力將有可能請他吃魷魚的人先吃魷魚。

# *6* · 功高震主的時候也是你離開的時刻

　　歷史上功高蓋主的慘劇是對後人的有力警告。凡是能夠以史為鑒的人，往往懂得約束自己的言行，讓自己朝著較好的方向發展。而不懂得吸取經驗教訓，盲目忘形的人，則容易掉進職場的陷阱和潛規則中，無法前進。

　　進入公司後，王鑫很快就顯示出出色的工作能力，她處理工作迅速準確，人際關係也非常好。在出席一些應酬中，王鑫憑藉相貌及出眾口才，成為聚會核心，而性格內向、不善言談的上司，反而成了無足輕重的角色。漸漸地，周圍的同事覺得她比上司還有權威，雖然真正的權威是那位坐在玻璃門後面的男人。

　　上司一開始的確非常賞識對於王鑫，可是不久以後，他突然開始挑王鑫的毛病了，說她為人輕浮、工作馬虎等等。大家都說是上司自己沒有自信，面對比自己能力強的下屬，覺得受到了威脅，氣度太小了。但聰明的王鑫卻不這麼認為。在以後的工作中，她開始有意地收斂自己的鋒芒，放低姿態，改變了昔日的與眾不同，果然，上司不再挑王鑫的毛病，臉上也逐漸有了自信的笑容，而王鑫自然更讓上司賞識了。

　　職場上，有的上司喜歡高調處世，有的上司喜歡低調為人。不同的人有不同的行事風格，但不管你的上司個性傾向高調或者低調，有一點共通的那就是他們都不喜歡下屬功高蓋主，平時有自比上司的姿態。在職場上鋒芒逼露，風頭出盡，功高蓋主，那麼你受到的傷害程度不僅會越來

深，還有可能直接走人。

古語有云：「爵位不宜太盛，太盛則危；能事不宜盡畢，盡畢則衰；行誼不宜過高，過高則謗興而毀來。」也就是權勢不宜太盛，合則會帶來危險；做事不要總想一下子做完，等做完人也累個半死；言行舉止不可標榜過高，否則會惹來誹謗和詆毀。

翻開《二十四史》，我們會發現，有很多我們佩服的大英雄到最後都沒有落得好下場。以我們的觀點，一般好人、有有功之人都應該有善終，可為什麼他們沒有呢？不怪世事弄人，只怪從古至今有一條鐵律那就是：功高震主的人容易吃虧。

古人的智慧都是經過歲月的沉澱和歷史的洗滌總結出來的精華，不會因時間流逝而褪色，也不會因為場合和時代不同而不適用。不要做功高蓋主被誅殺的那個人，是對歷史英雄的惋惜之詞，也是對現實中的我們的警戒。

功高蓋主、得意忘形，往往會讓人失去冷靜的頭腦和理智，迷失在欲望的迷途中。如果思考不夠審慎，很容易樂極生悲。所以，越是關鍵時刻，越要懂得收斂和隱藏自己的情緒。因為越是此時，他人越會真切地認識與瞭解你。在職場中也是一樣，關鍵時刻懂得把握機會表現自己的才能，但是卻不能得意忘形，抓雞不成蝕把米。

在現實生活和職場中，上司肯定不可能同我們平起平座，我們也不能奢望上司會和自己一樣，但我們卻有必要得到上司的賞識，和上司和睦相處，因為與上司關係的好壞與否往往影響著我們的事業，以及生活的各方面。處理好和上司的關係，得到上司的賞識，與上司關係融洽，就要避免功高震主。實踐證明以下方法可謂行之有效：

（1）學會低調行事

正所謂：「樹大招風，官大擔險。」因為你的能力太強、勢力太大、風頭太健，而且又不懂得收斂和低調，勢必會威脅到上司的職位，成為上司的眼中釘。這個時候，不管之前你的功勞有多大，關係有多好，也抵擋不住你的功高震主對他帶來的威脅和憂慮。

如果換成是自己，將心比心，恐怕你也不希望下屬的鋒芒蓋過你。既然這是人之常情，你就要學會去適應它，學會去應對它。而躲避開這些危機的第一步就是學會低調行事。不論在公共場合或者私底下，你都要收斂自己的氣場和言行，給足上司面子。必要的時候，到上司那走個過程，表示一下對他的尊重；有問題和意見時，也盡量委婉的提出和徵求他的意見。總之，在你還未有實力與他平起平坐之前，你都需要低調來作為自己的保護傘。

（2）學會謙功讓勞

好的東西，每一個人都喜歡，越是好吃的東西，越是捨不得給別人，這是人之常情。上司也不例外。他希望成績是在自己的帶領下取得的，他希望自己能用功績來表明自己的領導成果。所以，他需要功勞。如果有人在對功勞上比他還積極，那就大事不妙了。

聰明的人應該學會積極的謙功讓勞。如果只會打眼前的算盤，急功近利，就容易得罪身邊的人尤其是上司，上司絕對不會容得下老是跟自己爭功的人。遠大的抱負，應該經得住暫時的考驗和功勞的得失。大大方方地把功勞讓給你的上級，上司臉上光彩，以後就少不了再給你更多建功立業的機會。

（3）學會表現自己

表現自己和會表現自己完全是兩碼事兒。有的人做出了成績，一時高興的忘了形，就大肆宣揚自己的功勞，忽略了上司的存在。有的人認為功勞都是自己的，最後卻被上司占去了大半，覺得對自己不公平，為了給自己正名，就越級彙報和邀功，結果不僅沒有成功，還被上司知道後給穿小鞋，直至待不下去自己離開。

這樣的人就是表現自己過了頭，弄巧成拙，是不會表現自己的表現。要知道，有些人不是笨，而是不夠聰明。很簡單的，就像越級彙報和邀功，說明他之前的確有能力做出成績，但是敗就敗在自作聰明，想要功高蓋主，跌倒在了職場的這條潛規則上。

職場去留的玄機說簡單它就不複雜，說複雜卻又不簡單。關鍵是要看有沒有人自作聰明將簡單的問題複雜化。很多時候，想要做出改變，就要先學會適應。如果不能適應職場，就沒有立足之地，那麼何談改變呢？所以，避免功高蓋主，給自己留下餘地，才能做自己想做的。

👍【讀心術】

避免功高蓋主很大程度上是站在上司的角度，維護上司。但是，沒有無回報的付出。在維護上司的同時，更是對自己的維護。是借用上司的權力為自己謀機會，借用他的威信為自己當保護傘。試想，當你的功勞被上司認同和肯定的情況下，那些不滿和有非分之想的人就不敢輕舉妄動了。這是自我保護的必然措施。

# 7 · 做錯就意味著將被Fire

　　無論是員工還是下屬，當有人做錯了事情的時候，對個人來說就是一個機會。畢竟，在職場中有分量的位置代表著良好的發展空間，如果你不去爭取到達那裡，那麼你就可能永遠不再有成功的機會。所以，有人做錯時，也即是你的機會降臨的時候。機會來了就要把握住才是職場的鐵規則。

　　公司有一位財務處長，業務上應該說還算過硬，就是愛抖個機靈、喜歡算計別人，很多人都不太喜歡他。因為平時沒有犯什麼大錯，所以，上司也就對他簡單的訓誡了下，希望他能夠加以改正，以後避免再犯。

　　一次，一個大客戶在合同簽訂後要對一筆數額很大的業務的付款方式做大的改變。財務處長竟在上司和專案有關負責人都不知的情況下，答應並辦理了相關手續。恰巧此時公司資金周轉出現了緊張，很是需要這筆資金來緩和公司裡的資金周轉問題。他擅作主張給公司的經營帶來了很大的麻煩。上司知道後反應非常強烈，要求他立即處理這件事，將這件事情對公司的影響降到最低。沒想到他居然毫不知錯，心懷不滿，心懷不滿，先前的那種算計別人的思想又冒了出來，故意拖延時間，導致公司的損失無法挽回。無奈之下，上司毅然決然的將他辭退。但是因為錯過了最佳的挽回損失的時機，上司也被公司降級處罰。

　　很顯然，一時的不忍和猶豫都有可能為自己帶來嚴重後果和損失。如果一開始發現問題的時候，上司能夠將問題交給他人處理或是自己親自

出面，那麼就不會錯過最佳時機，不但能夠挽回損失，還能保住自己的職位。

在任何一個公司，並不是每個下屬都十分完美，都能出色地完成工作，都能在你的引導和培養之下盡職盡責。有時，你還會碰上一個根本不中用的人，不管你怎麼努力，他也不能完成你期望的十分之一。在這個時候，就絕不能猶豫和仁慈，因為他的不力和懶散只會拖你的後腿，讓你成為替罪的羔羊。

職場中沒有誰會甘願為他人背黑鍋，處理爛攤子。所以，如果遇到或能遇見這種事情，一定要處事果決，該出手時就出手，及時的解決問題，才能保證效率。

做錯事表現在很多方面，要嘛是自己不能容忍，要嘛是下屬不能容忍。無論哪一種，及時的做出抉擇才是重要的。

（1）是上司那就果斷

一般來講，對於公司的某些問題，有些下屬可能比上司知道得更早、更清楚，他們期望上司能採取行動，解雇那些做錯事、損害集體權益的同事。如果上司忽視了這些資訊，並且不能正視和面對表現很差的下屬，就很難實現眾望所歸的領導，你的信任度將受到極大影響。每個下屬都為自己所做的事情和取得的成功感到自豪，他們不希望有人拖他們的後腿。

所以果斷的解雇是對自己進行必要保護的措施。職場人才輩出，新舊交替也是必然。如果下屬的過失無法挽回和原諒，那麼你就必須把他換掉。這麼做，主要出於兩方面的考慮：

第一，個人必須對自己進行負責。你必須讓他明白，這是他必須負的責任，以及所付出的代價。權當是一個教訓，一份兒成長中的經驗。

第二，你作為領導對自己的職責和下屬負責的表現。作為領導就要對自己的職責負責，對下屬的利益負責。如果有人誤了事，影響了大家的權益，那麼處於大局考慮，把他換掉是必然的。這麼做你也不需要有任何的愧疚，這是對所有人負責的表現。

（2）是下屬那就爭取

當有人做錯時，不僅是下屬對於上司，也可以是任何的兩主體，或是上司對上司，上司對下屬，或是下屬對下屬等等。要知道危機中包含著機遇，有危就有機。不管誰做錯，只要你有能力，只要你有機會，那麼就努力的去借用機會為自己爭取更好的。

當仁不讓不僅是功勞，也是機會。如果你不爭取，他人就會爭取。要知道，既然一個人能夠因為做錯事可能被換掉，那就說明他所在的職位、他所行之事都是有一定的價值的。誰能夠把做錯之人的職位和重任爭取到手，那麼相當於握有了一定的機遇。

站在下屬的角度，必須時刻需求突破的出口。而他人的危機對於自己就是機會。既然他人一定會被換掉，那麼自己何不抓住這個機會。有人做錯就把他換掉，那麼換來的就會是自己抓住的成功。

解雇和替代，一項重大的決定。不過二者也有很大的區別。作為領導，平時對下屬有進行監督和提醒的責任。如果是那些你怎樣努力都表現很差的下屬，解雇他就絕對沒有商量。但是，必須保證公正、客觀，不可帶有任何偏見，讓自己的行為得到大家的認同，才能保持自己的威信。如果是下屬，就要避免被人覺得是趁人之危，甚至是落井下石這樣的不良印象，否則，不僅領導為誤會你的人品，同事也會投以鄙視的眼神。這對以後的長遠發展很是不利。所以，需要處事果斷、積極爭取，也需要講究方

法和步驟，不能急功近利，不計後果。

【讀心術】

　　有時候做錯可以被原諒，但是那也只限於個人的仁慈，不適合殘酷的競爭。猶豫和軟弱只會縮小自己的生存空間。對他人錯誤的容忍就是對自己的殘忍。無論已經發生的還是將要發生的，有效的解雇和替代都是減少損失、避免災難性後果的明智之舉。

## 職場生活

| | | | |
|---|---|---|---|
| 01 | 公司就是我的家 | 王寶瑩 | 定價：240元 |
| 02 | 改變一生的156個小習慣 | 憨氏 | 定價：230元 |
| 03 | 職場新人教戰手冊 | 魏一龍 | 定價：240元 |
| 04 | 面試聖經 | Rock Forward | 定價：350元 |
| 05 | 世界頂級CEO的商道智慧 | 葉光森 劉紅強 | 定價：280元 |
| 06 | 在公司這些事，沒有人會教你 | 魏成晉 | 定價：230元 |
| 07 | 上學時不知，畢業後要懂 | 賈宇 | 定價：260元 |
| 08 | 在公司這樣做討人喜歡 | 大川修一 | 定價：250元 |
| 09 | 一流人絕不做二流事 | 陳宏威 | 定價：260元 |
| 10 | 聰明女孩的職場聖經 | 李娜 | 定價：220元 |
| 11 | 像貓一樣生活，像狗一樣工作 | 任悅 | 定價：320元 |
| 12 | 小業務創大財富－直銷致富 | 鄭鴻 | 定價：240元 |
| 13 | 跑業務的第一本Sales Key | 趙建國 | 定價：240元 |
| 14 | 直銷寓言--激勵自己再次奮發的寓言故事 | 鄭鴻 | 定價：240元 |
| 15 | 日本經營之神松下幸之助的經營智慧 | 大川修一 | 定價：220元 |
| 16 | 世界推銷大師實戰實錄 | 大川修一 | 定價：240元 |
| 17 | 上班那檔事--職場中的讀心術 | 劉鵬飛 | 定價：280元 |
| 18 | 一切成功始於銷售 | 鄭鴻 | 定價：240元 |

## 商海巨擘

| | | | |
|---|---|---|---|
| 01 | 台灣首富郭台銘生意經 | 穆志濱 | 定價：280元 |
| 02 | 投資大師巴菲特生意經 | 王寶瑩 | 定價：280元 |
| 03 | 企業教父柳傳志生意經 | 王福振 | 定價：280元 |
| 04 | 華人首富李嘉誠生意經 | 禾田 | 定價：280元 |
| 05 | 贏在中國李開復生意經 | 喬政輝 | 定價：280元 |
| 06 | 阿里巴巴馬 雲生意經 | 林雪花 | 定價：280元 |
| 07 | 海爾巨人張瑞敏生意經 | 田文 | 定價：280元 |
| 08 | 中國地產大鱷潘石屹生意經 | 王寶瑩 | 定價：280元 |

## 身心靈成長

| | | | |
|---|---|---|---|
| 01 | 心靈導師帶來的36堂靈性覺醒課 | 姜波 | 定價：300元 |
| 02 | 內向革命-心靈導師A.H.阿瑪斯的心靈語錄 | 姜波 | 定價：280元 |
| 03 | 生死講座——與智者一起聊生死 | 姜波 | 定價：280元 |

| | | | |
|---|---|---|---|
| 04 | 圓滿人生不等待 | 姜波 | 定價：240元 |
| 05 | 看得開放得下——本煥長老最後的啓示 | 淨因 | 定價：300元 |
| 06 | 安頓身心--喚醒內心最美好的感覺 | 麥克羅 | 定價：280元 |

**人物中國：**

| | | | |
|---|---|---|---|
| 01 | 解密商豪胡雪巖《五字商訓》 | 侯書森 | 定價：220元 |
| 02 | 睜眼看曹操-雙面曹操的陰陽謀略 | 長　浩 | 定價：220元 |
| 03 | 第一大貪官-和珅傳奇（精裝） | 王輝盛珂 | 定價：249元 |
| 04 | 撼動歷史的女中豪傑 | 秦漢唐 | 定價：220元 |
| 05 | 睜眼看慈禧 | 李　傲 | 定價：240元 |
| 06 | 睜眼看雍正 | 李　傲 | 定價：240元 |
| 07 | 睜眼看秦皇 | 李　傲 | 定價：240元 |
| 08 | 風流倜儻-蘇東坡 | 門冀華 | 定價：200元 |
| 09 | 機智詼諧大學士-紀曉嵐 | 郭力行 | 定價：200元 |
| 10 | 貞觀之治-唐太宗之王者之道 | 黃錦波 | 定價：220元 |
| 11 | 傾聽大師李叔同 | 梁　靜 | 定價：240元 |
| 12 | 品中國古代帥哥 | 頤　程 | 定價：240元 |
| 13 | 禪讓--中國歷史上的一種權力遊戲 | 張　程 | 定價：240元 |
| 14 | 商賈豪俠胡雪巖(精裝) | 秦漢唐 | 定價：169元 |
| 15 | 歷代后妃宮闈傳奇 | 秦漢唐 | 定價：260元 |
| 16 | 歷代后妃權力之爭 | 秦漢唐 | 定價：220元 |
| 17 | 大明叛降吳三桂 | 鳳　娟 | 定價：220元 |
| 18 | 鐵膽英雄一趙子龍 | 戴宗立 | 定價：260元 |
| 19 | 一代天驕成吉思汗 | 郝鳳娟 | 定價：230元 |
| 20 | 弘一大師李叔同的後半生-精裝 | 王湜華 | 定價：450元 |
| 21 | 末代皇帝溥儀與我 | 李淑賢口述 | 定價：280元 |
| 22 | 品關羽 | 東方誠明 | 定價：260元 |
| 23 | 明朝一哥　王陽明 | 呂　崢 | 定價：280元 |
| 24 | 季羨林的世紀人生 | 李　琴 | 定價：260元 |
| 25 | 民國十大奇女子的美麗與哀愁 | 蕭素均 | 定價：260元 |
| 26 | 這個宰相不簡單--張居正 | 逸　鳴 | 定價：260元 |
| 27 | 六世達賴喇嘛倉央嘉措的情與詩 | 任倬灝 | 定價：260元 |
| 28 | 曾國藩經世101智慧 | 吳金衛 | 定價：280元 |

## 商海巨擘

| 01 | 台灣首富郭台銘生意經 | 穆志濱 | 定價：280元 |
| 02 | 投資大師巴菲特生意經 | 王寶瑩 | 定價：280元 |
| 03 | 企業教父柳傳志生意經 | 王福振 | 定價：280元 |
| 04 | 華人首富李嘉誠生意經 | 禾　田 | 定價：280元 |
| 05 | 贏在中國李開復生意經 | 喬政輝 | 定價：280元 |
| 06 | 阿里巴巴馬　雲生意經 | 林雪花 | 定價：280元 |
| 07 | 海爾巨人張瑞敏生意經 | 田　文 | 定價：280元 |
| 08 | 中國地產大鱷潘石屹生意經 | 王寶瑩 | 定價：280元 |

| 57 | 最神奇的經濟學定律 | 黃曉林黃夢溪 | 定價：280元 |
| 58 | 最神奇的心理學定律 | 黃　薇 | 定價：320元 |
| 60 | 魅力經濟學 | 強宏 | 定價：300元 |

**文經閣**
**婦女與生活社文化事業有限公司**

# 特約門市

## 歡迎親自到場訂購

書山有路勤為徑
學海無涯苦作舟

### 捷運中山站地下街
#### --全台最長的地下書街

中山地下街簡介
1. 位置：臺北市中山北路2段下方地下街(位於台北捷運中山站2號出口方向)
2. 營業時間：週一至週日11：00~22：00
3. 環境介紹：地下街全長815公尺，地下街總面積約4,446坪。

 **藝殿國際圖書有限公司**

### 暨全省：

**金石堂書店、誠品書局、建宏書局、敦煌書局、博客來網路書局均售**

**國家圖書館出版品預行編目資料**

上班那檔事：職場中的讀心術 / 劉鵬飛 編著

一 版. -- 臺北市 :廣達文化, 2013.05

; 公分. -- （文經閣）（職場生活：17）

ISBN 978-957-713-523-0 （平裝）

1. 職場成功法

494.35                              102006611

# 上班那檔事
## ── 職場中的讀心術

榮譽出版：文經閣

叢書別：職場生活 17

作者：劉鵬飛 著
出版者：廣達文化事業有限公司
Quanta Association Cultural Enterprises Co. Ltd
發行所：臺北市信義區中坡南路 287 號 4 樓
電話：27283588　傳真：27264126　　　E-mail：*siraviko@seed.net.tw*
劃撥帳戶：廣達文化事業有限公司　帳號：19805170

印　刷：卡樂印刷排版公司　　　　　　　裝　訂：秉成裝訂有限公司

代理行銷：創智文化有限公司
23674 新北市土城區忠承路 89 號 6 樓　電話：02-2268-3489　傳真：02-2269-6560

CVS 代理：美璟文化有限公司
電話：02-27239968　傳真：27239668
一版一刷：2013 年 5 月

**定　價：280 元**

書山有路勤為徑
學海無崖苦作舟

 文經閣

書山有路勤為徑
學海無崖苦作舟

 文經閣